不确定混沌系统的自适应网络同步控制

李巧萍 著

国防工业出版社
·北京·

内 容 简 介

本书以保密通信为背景，阐述了不确定混沌系统网络同步控制的关键问题，系统地介绍了不确定混沌系统的基本概念、稳定性理论、同步控制技术及仿真实验。为读者提供了混沌同步控制器设计的基本思路和方法技巧。主要内容包括不确定五阶忆阻混沌电路系统的自适应修整函数投影同步、不确定混沌系统带有指定衰减度的自适应有限时间同步 、基于多个不确定混沌系统的有限时间自适应广义复合同步、基于切换型事件触发机制的异构混沌系统网络同步，以及基于组合型事件触发机制的非线性不确定分数阶混沌系统自适应网络同步。

本书适合控制理论与控制工程专业，以及从事混沌保密通信的工程技术人员阅读。

图书在版编目(CIP)数据

不确定混沌系统的自适应网络同步控制/李巧萍著
.—北京:国防工业出版社,2024.5
ISBN 978-7-118-13338-7

Ⅰ.①不…　Ⅱ.①李…　Ⅲ.①不确定系统—混沌理论
—同步控制系统　Ⅳ.①N94

中国国家版本馆 CIP 数据核字(2024)第 096320 号

※

国防工業出版社出版发行
(北京市海淀区紫竹院南路 23 号　邮政编码 100048)
北京虎彩文化传播有限公司印刷
新华书店经售
*
开本 710×1000　1/16　**印张** 8½　**字数** 150 千字
2024 年 5 月第 1 版第 1 次印刷　**印数** 1—1400 册　**定价** 98.00 元

国防书店:(010)88540777　　书店传真:(010)88540776
发行业务:(010)88540717　　发行传真:(010)88540762

前　言

保密通信一直是信息技术领域的研究热点，近年来，互联网和移动通信的发展对保密通信的安全性提出了更高的要求。作为一类典型的非线性系统，混沌系统因其生成的状态信号具有初值敏感性、非周期性、伪随机性、类噪声性等复杂的动力学特征，表现出了高度的不可预测性及天然的隐蔽性，正好符合保密通信的安全需求。混沌同步是实现保密通信的前提，但现有的同步方法和控制技术仍有待改进完善。另外，在实际应用中，系统的不确定性和外界扰动会影响甚至削弱同步效果。基于此，本书以保密通信为背景，以提高安全性能和降低网络负担为目标，从改进同步方案和改善同步技术两方面研究不确定混沌系统的自适应同步及不确定混沌多智能体系统的一致性控制。为了增强混沌保密通信方案的安全性，从三个方面对同步方案进行了改进。

首先，采用一个混沌结构更难识别的不确定五阶忆阻混沌电路系统作为驱动系统，借助自适应控制技术，将其与目前较为复杂的修正函数投影同步方案相结合，设计出一种更复杂的自适应修正函数投影滞后同步方案，提高了保密通信的安全性。其次，引入衰减度的定义，提出了带有指定衰减度的同步方案，在此基础上，利用滑模控制技术，设计出一个新的积分型非奇异终端滑模面，并用其来处理一类参数不确定混沌系统带有指定衰减度的自适应有限时间修正函数滞后的同步问题。仿真实验表明，引入指数衰减度可以缩短同步时间、提高同步精度。最后，针对多个混沌系统，定义一种新的向量乘法，设计出一种更为复杂的自适应有限时间多滞后修正函数投影复合同步方案理论。实验表明，该方案中载波信号的非线性结构更复杂、混沌流形直径更大、信号通道更多、信号加载方式更灵活，从而可以有效地提高保密通信的抗破译能力。为了降低网络通信中的宽带负荷，设计了两种新的事件触发机制。针对整数阶混沌系统,在标准型事件触发机制的基础上,引入指数型切换律,设计了阈值参数可以在线更新的切换型事件触发机制,并用其来处理异构混沌系统的网络同步问题,研究结果表明,该方法在保证良好同步性能的同时,可以有效地提高数据过滤能力,减轻网络负担。针对分数阶混沌系统,设计了同时依赖样本相对误差和绝对误差组合型事件的触发机制,显著减少了网络中的数据更新频率,在此基础上,结合自适应控制技术,将组合型触发机制应用到非线性不确定分数阶混沌系统的网络同步控制与分数阶混沌多智能体系统的一致性控制问题中。

本成果受到航空航天电子信息技术河南省协同创新中心、航空航天智能工程河南省特需急需特色骨干学科群、河南省通用航空技术重点实验室、河南省科技攻关项目(242102220043)、河南省高等学校重点科研项目(24A590005)、郑州航空工业管理学院科研团队支持计划专项(23ZHTD01007)资助。

目　录

第一章　绪　　论

本章主要介绍本书的研究背景及意义、国内外研究现状,以及本书的主要内容和结构安排。

1.1　研究背景及意义

1.1.1　保密通信与混沌同步

随着信息技术的日新月异和广泛应用,信息安全问题日益凸显。通过互联网和移动通信网络传输的信息,随时都有可能被他人私自捕获、复制、甚至利用并篡改,从而使个人隐私、公司数据、甚至国家机密的安全受到严重威胁,这对保密通信提出了新的挑战。因此,建立更高效、更安全、多信道的通信方案,确保大规模、复杂系统的通信安全,已成为应用数学、计算机、信息技术、自动化等领域的研究热点。作为一类典型的非线性系统,混沌系统因其状态的有界性、轨道的非周期性、对初始值的敏感性、遍历性、类噪声性,以及长期行为的不可预测性等特殊而复杂的动力学特征,从而具有高度的不可预测性以及天然的隐蔽性。混沌系统的这一特性正好符合保密通信的安全需求,混沌保密通信迅速发展为现代通信领域的一个热点问题并取得了丰富的研究成果。

混沌同步是实现混沌保密通信的前提。所谓的混沌同步,是指两个同构或异构的混沌系统,在控制器的作用下,其中一个系统的状态轨迹渐近地收敛于另一个系统的状态轨迹,最终实现两个系统混沌状态的完全重构[1]。关于混沌同步的研究已经日趋成熟,但是现有的同步方案仍存在着一定的缺陷和漏洞,有待改进完善,同时,现有的同步控制技术仍有许多关键问题亟待攻克。因此,对混沌系统的同步方案及同步控制技术进行更深入的研究,可以为混沌同步理论的发展及其在保密通信中的应用提供坚实的理论支撑。

基于混沌同步的保密通方案主要有混沌掩盖、混沌键控和混沌调制,近年来,随着对混沌系统研究的不断深入,许多新的混沌保密通信方案陆续被提出,如混沌扩频、超高频混沌通信、超带宽混沌通信和最近刚兴起的激光混沌通信等[2]。

以上保密通信方案中最常用的是混沌掩盖，该方案的基本原理如下，保密通信框架如图 1.1 所示。

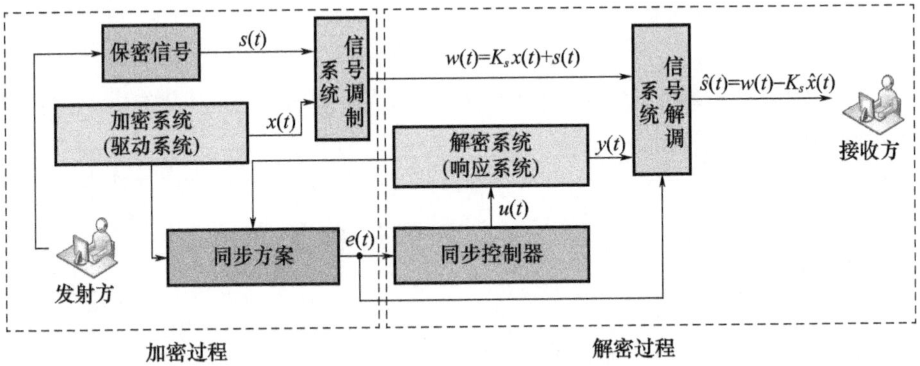

图 1.1　混沌同步保密通信框架图

在发射端，首先通过驱动系统产生一个混沌信号 $\boldsymbol{x}(t)$ 作为载波信号，然后将发送端所传输的信号 $\boldsymbol{s}(t)$ 与载波信号 $\boldsymbol{x}(t)$ 相叠加，经过载波调制后形成混合信号 $\boldsymbol{w}(t)=\boldsymbol{K}_s\boldsymbol{x}(t)+\boldsymbol{s}(t)$，再将 $\boldsymbol{w}(t)$ 发射并通过信道传输到接收端。在接收端，响应系统在同步控制器的作用下读取其自身的状态信号 $\boldsymbol{y}(t)$，并结合混沌同步方案反解出载波信号 $\hat{\boldsymbol{x}}(t)$，然后使用其获取的数据 $\boldsymbol{w}(t)$ 和 $\hat{\boldsymbol{x}}(t)$ 结合载波调制方案恢复出原始信号 $\hat{\boldsymbol{s}}(t)=\hat{\boldsymbol{w}}(t)-K_s\hat{\boldsymbol{x}}(t)$，从而达到混沌保密通信的目的。

1.1.2　参数不确定性与自适应控制

在实际应用中，由于受到物理设备的限制、外界干扰的影响和变化、未知参数的存在、未建模动态等不确定因素的影响，系统的精确动态模型往往很难获得。如果不考虑这些不确定因素，系统的同步性能就会受到影响和削弱。为了应对不确定性和扰动，学者们提出了自适应控制策略。该控制策略因具有如响应的快速性、对干扰的稳健性、良好的瞬态性能，以及易于物理实现等特点而被视为应对不确定性和扰动的有效方法。

自适应控制的基本思想是，当被控系统的模型具有不确定性时，控制器在运行过程中能够不断地检测控制参数或运行指标，并根据它们的变化实时地在线矫正控制参数，使被控系统达到最优的工作状态或满足提前设定的性能指标。

按照自适应律的不同，自适应控制方法可分为以下几类[3-5]。

(1)基于常值参数估计的自适应控制。这类自适应控制方法是针对含有不确定的常值参数的控制系统而提出的。这是目前研究最多也是最成熟的一类自适应控制方法。本书主要使用的就是这种自适应控制方法。

(2)基于时变参数估计的自适应控制。这类自适应控制方法主要针对那些含有不确定但却有规律的未知时变参数的控制系统，例如，含有未知的连续周期时变参数的控制系统。由于时变参数的导数不为零，这使得该类自适应控制问题比基于常值参数估计的自适应控制更复杂，这也是自适应控制领域的一个新兴的热点问题。

(3)基于函数估计的自适应控制。这类自适应控制问题主要解决系统中出现未知的不确定建模动态时的自适应控制问题，在该类问题中，需要估计的不是未知参数，而是未知的状态或输出依赖的函数。这类问题常用的控制策略是函数逼近法。常用的函数逼近器有多项式逼近、神经网络逼近、模糊逼近和小波网络逼近等，在这些函数逼近器的作用下，未知函数的估计问题就转化为逼近器中常值参数的估计问题。

(4)基于切换方法的自适应控制。这类控制方法主要针对的是混杂系统。该方法的核心问题是不同的控制器在什么条件下进行在线实时切换以及如何进行切换。此类方法主要包括滑模变结构控制、开关控制和混合自适应控制。本书第五章使用的就是这一种切换型自适应控制。

1.1.3 整数阶混沌系统与分数阶混沌系统

随着整数阶系统的控制理论研究的日趋成熟，学者们也开始对分数阶微分系统的控制问题展开研究。分数阶微积分是整数阶微积分的推广和延伸，和整数阶微分算子相比，分数阶微分算子不再是局部算子，这是因为在分数阶微分理论中，某时刻的状态不仅取决于上一时刻的状态，而且取决于之前状态的所有历史[6-10]。因此，与传统的整数阶模型相比，分数阶模型有以下特点：

(1)分数阶微分可以与整个时间域联系起来，但整数阶微分只能表示动态过程在一个具体时间的变化和属性。

(2)在一个动态过程中，整数阶微分只能描述特定位置的局部属性，而分数阶微分则与整个空间有关。

以上特性使得分数阶微分更有利于精确描述许多材料和过程的记忆和遗传特征，更有利于提供比整数阶微分更精确的物理系统模型。因此，近年来分数阶动力学变得越来越流行。目前，分数阶微分已经应用到了自动化、粘弹性、扩散、湍流、电磁学、机器学习、电路、信号处理、生物工程和经济学等多个领域。另外，很多分数阶微分系统具有混沌特性，并且相比与整数阶混沌系统，分数阶混沌系统的非线性结构更复杂、状态轨迹更难预测，这使得分数阶混沌理论更富有吸引力。

由于分数阶微分系统和整数阶微分系统仍有很大区别，大多数处理整数阶微分系统的性质、结论和方法不能简单地推广到分数阶的情况，所以目前关于分数阶混沌系统同步的研究远不及整数阶系统成熟，而且当前大部分的研究只局限于线性分数阶系统，而对非线性分数阶系统，尤其是非线性不确定分数阶系统的研究才刚起步，所以这一方面的研究还有待深入。

1.1.4 网络控制系统与事件触发机制

随着信号处理、无线传感和通信技术的迅速发展，关于网络控制系统的研究愈加受到关注。目前的网络保密通信大多是在有限的资源限制下进行的，信号的传输通常会受到处理器容量、网络带宽、设备寿命等限制[11]。如何在不损害网络控制系统的稳定性和控制性能的前提下，降低网络负荷是一个很有价值的研究课题。相对于传统的时间触发机制，事件触发机制是节约网络资源的有效方法，但现有的事件触发机制仍存在一定的缺陷，有待改进[12]。

综上所述，研究整数阶与分数阶不确定混沌系统的自适应同步问题，无论是在理论上还是应用上都具有重要的意义。

1.2 国内外研究现状

1.2.1 混沌同步方案

近年来，混沌系统在信息处理，特别是安全通信方面展示了良好的应用前景。自从 Pecora 和 Carroll 首次在电子线路试验中观测到混沌同步现象，并成功实现两个混沌系统的同步之后，混沌系统在信息处理，特别是保密通信方面展示了广阔的应用前景并迅速成为研究热点。此后，许多同步方案陆续被提出，如完全同步[13]、反同步[14]、相位同步[15]、滞后同步[16]、投影同步[17]、函数投影同步[18]、修正函数投影同步[19]以及组合同步[20]等。

从本质上讲，混沌系统的同步问题总可以转化为相应的同步误差系统的稳定性问题。而以上几种同步方案中,同步误差系统的状态都可以视为驱动系统状态和响应系统状态的某种加权组合,并且其中只涉及到状态向量之间的线性运算(加法和数乘)。2012 年,Sun 等人将矩阵乘法引入到混沌同步方案中,提出了一种新的复合同步方案,复合之后的混沌系统具有更复杂的拓扑结构,可以有效提升通信方案的保密性能[21]。令人遗憾的是,由于复合同步方案较为复杂,该文献仅针对是四个具体的混沌系统研究其复合同步问题,控制方案不具有普遍性;该同步方案中的投影矩阵是一个常数阵而不是函数矩阵;该方案也没有考虑参数的不确定。另外,注意到复合同步涉及到多个混沌系统,如果能在各个子系统中引入不同的时间滞后环节,将更有利于增强保密通信的安全性。

同步时间是衡量混沌同步性能的一个重要指标,所以,在实际应用中,缩短同步时间也是混沌同步的一个主要研究目标。

基于上述讨论,针对多个参数未知的混沌系统,以有限时间稳定性理论和自适应控制技术为基础,将复合同步、滞后同步和修正函数投影同步三种同步方案相结合,设计一种更复杂的有限时间同步方案,具有一定的理论价值和现实意义。

1.2.2 五阶忆阻混沌电路系统

一般的振荡电路由电容,电感,电阻三种基本电子元件构成。2008 年,惠普实验室在纳米级的交叉结构中发现了忆阻器,首次验证了蔡少棠教授对忆阻器的预言[22]。忆阻器在某时刻的值依赖于此前所有时间的电流波的积分,具有记忆性,非易失性等基本特性外的更多非线性特性,因此它被称为第四种电子元件。基于忆阻器构造的混沌系统可以产生更复杂的混沌信号,目前,忆阻器混沌电路的研究已成为一个新的研究焦点。2008 年,Itoh M. 和蔡少棠采用 PWL 忆阻器取代了蔡氏二极管,得到了一个基于忆阻器的四阶蔡氏电路。在此基础上,包伯成等采用有源磁控忆阻器代替四阶蔡氏电路中的蔡氏二极管,得到了一个基于忆阻器的五阶混沌电路,并给出了该电路的一些典型的动力学特征。

目前大多数混沌同步的研究对象都是三维及三维以下的混沌系统,如 Chen 系统,Chua 系统,Liu 系统,Rossler 系统等。对四维以上混沌系统研究较少。实际上,高维的混沌系统的混沌吸引子往往具有更复杂的几何拓扑结构和更丰富的动力学特征,这在保密通信中将有更为广阔的应用前景。因此对五阶忆阻混沌电路系统的同步问题进行研究有一定的理论意义和应用价值。

1.2.3 基于事件触发的网络混沌同步

网络控制系统(NCS)是一种由通信网络组成闭环回路的空间分布式控制系统,其中,分布在不同空间位置上的被控对象、传感器、控制器和执行器通过一个有限带宽的通信网络进行连接,并通过该网络进行信息的传输和交换[23]。相对于传统的控制系统,网络控制系统具有安装费用低、系统维护方便、便于远程控制等优点,通常用来设计大规模系统。目前,网络控制系统已经广泛地应用于工业控制网络、基因调控系统、微机电系统、传感器网络以及多智能体网络系统,它们共同的目标都是通过部署共享网络进行数据交换来控制一个或多个回路系统。绝大多数与保密通信相关的混沌同步问题的数学模型都可视为网络控制系统。

虽然传统的基于时间触发的周期采样方式易于实现,但该方法的缺点是所有的采样数据都要被传输,往往会导致一些不必要的数据传输,浪费有限的带宽。另一方面,通信信道的有限带宽也不可避免地会对网络同步的预期性能产生一定的影响。因此,如何设计出一种既不损害控制性能又能节约网络资源的信息交互策略是一个极具价值的问题。

为了解决这一问题,学者们提出了一种基于事件触发的控制方案,在该控制方案中,在传感器和控制器之间增加了一个事件触发器,该事件触发器可以检测当前采样点的采样输出与最近一次采样输出之间的误差。只有当这个误差违反某个提前设定的阈值时,采样数据才会被传输到控制器。与时间触发控制相比,这种新的控制方案可以有效减轻网络通信负担,节省网络通信带宽[24]。

目前,最典型的两种事件触发机制分别是标准型事件触发机制和指数型事件触发机制。标准型事件触发机制是通过判断样本相对误差的大小来对其进行筛选,而指数型事件触发机制是通过判断样本绝对误差的大小来对其进行筛选。前者的优点在于使用该方法可以通过将原系统表示成一个时滞系统然后借助 Lyapunov 稳定性理论和线性矩阵不等式(LMIs)方法来处理,该方法的缺点在于,当样本绝对误差很小时容易频繁传输样本,甚至导致数据的连续传输,即产生 Zeno 行为。后者的优点是利用指数函数的非负性有效避免了 Zeno 行为,但该方法的不足在于,因其未考虑绝对误差的影响,不能对较大的样本进行有效地筛选,此外,使用指数型事件触发机制通常需要给出微分方程的解析表达式,所以该方法有很大的局限性,目前主要用于多智能体系统一致性控制问题。

目前,事件触发机制主要用来处理整数阶系统的控制问题,基于事件触发的分数阶混沌系统网络同步问题的研究则非常罕见。因此,这仍然是一个富有挑战性的问题。

基于上述讨论,如何将两种事件触发机制相结合,扬长避短,并将其推广到分数阶混沌系统的网络同步问题是一个富有挑战的课题。

1.2.4 多智能体网络协同控制

网络控制的另一个典型问题是基于网络进行信息交互的多智能体的协同控制。智能体(Agent)的定义最早源于机器人领域,是指有一定的计算能力、自学习能力,能够同周围环境进行交互并单独处理一定问题的独立个体,它可以是软件程序,也可以是硬件实体。多智能体系统是指由有多个通过某种规则进行信息交互、协同作业的智能体(节点)组成的耦合网络系统。实践证明,多个智能体通过协同作业能够以更低的成本实现更复杂的控制目标。

随着网络系统规模的不断扩大,传统的集中式控制(Centralized control)因为可扩展性较差、灵活性不高、稳健性较弱、和容错性不强等原因已经显得力不从心,因此,多智能体系统的分布式控制(Distributed control)应运而生。分布式控制的特点是各个智能体无需获取整个系统的全局信息,只需利用其自身及其相邻智能体的信息来调整自身状态,协同完成特定的全局任务,也就是所谓的分而治之。相比之下,分布式控制具有成本低、便于维护、容错性高、稳健性强、扩展性强、易于并行工作等优势。

一致性问题(Consensus problem)是多智能体网络协同控制的关键问题。一致性是多智能体系统的一种集体行为,指的是所有的智能体能够在某个一致性算法或控制协议的作用下,通过彼此之间的信息交互实现状态变量逐渐趋于一致的过程。近年来多智能体的一致性已经广泛地应用于生物系统、智能电网、社交网络、传感器网络、无人机编队、卫星基站部署以及保密通信等多个领域。

由于分数阶系统的复杂性,目前针对分数阶多智能体系统的研究还比较少。针对分数阶多智能体系统,构造一种新的事件触发机制,在保证通信质量的前提下,有效降低通信过程中网络数据的传输量,减轻网络负荷也是一个富有挑战的课题。

1.3 本书的主要内容和结构安排

本书主要研究不确定混沌系统的自适应网络同步和混沌多智能体系统的一致性控制两大类问题,结构框架如图 1.2 所示,具体内容和结构安排如下:

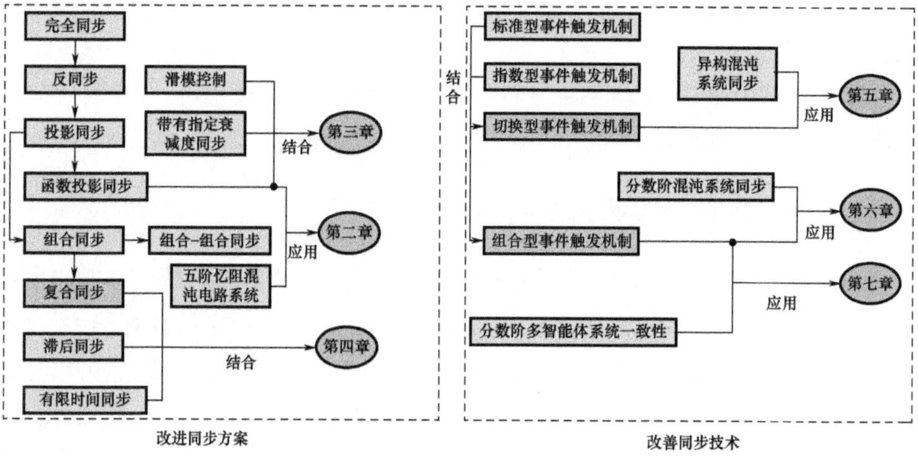

图 1.2　本书结构框架图

第一章为绪论。主要介绍保密通信背景下的混沌同步、网络控制系统、事件触发、多智能体一致性控制的研究现状及本书的研究框架。

第二章将目前较为复杂的修正投影函数同步方案应用到一个新的五阶忆阻混沌电路系统中，考虑其参数的不确定性，设计出一种新自适应同步方案。

第三章通过引入指数衰减度，定义了带有指定衰减度的混沌同步方案，结合自适应控制理论和滑模变结构控制技术，研究了一类含有未知参数的混沌系统带有指定衰减度的自适应有限时间修正函数滞后同步问题，进一步缩短了混沌同步时间，提高了同步精度。

第四章通过定义一种新的向量乘积，设计出了一种复合混沌同步方案，在此基础上，针对多个混沌系统考虑参数的不确定性以及信息传输的延迟，结合有限时间控制技术，提出了一种新的有限时间多时滞修正函数投影复合同步方法。在该同步方案中，复合之后的驱动系统拓扑结构更为复杂，信号藏匿方式更为灵活，可以有效提高保密通信过程中的安全性能。

第五章针对两个不同维数的混沌系统，通过构建一个降维观测器来帮助响应系统估计驱动系统的所有状态。然后，设计一种新的切换型事件触发机制，在确保良好的网络同步性能的同时，进一步减少网络通信过程中执行器端样本更新频率。仿真实验表明，和现有的标准型事件触发机制与指数型事件触发相比，本章设计的切换型事件触发机制的数据筛选能力更强。

第六章在第五章的基础上，对切换型事件触发机制进行改进，设计了一种组合型事件触发机制，该触发机制不仅考虑了样本的绝对误差，还考虑了样本的相对误差。在该触发机制作用下,控制器端数据更新频率大幅度降低,显著节约了网络资源。然后,结合自适应控制技术,将该触发机制应用到分数阶混沌系统的网络同步控制中。

第七章结合代数图论,将第六章设计的组合型事件触发机制应用到分数阶不确定混沌多智能体系统的一致性控制问题中。本章设计的一致性控制方案中,每个从智能体的事件触发条件仅与自身与头节点的误差信息有关,即各个从智能体的样本更新时间序列相互独立,进一步提高了一致性控制方案的灵活性。

第二章 五阶忆阻混沌电路系统自适应修正函数投影滞后同步

在保密通信过程中，通信方案的安全性是衡量该方案优劣的重要指标，由于混沌系统的保密程度是随着系统本身复杂度的提高而提高的，所以选择更为复杂、混沌程度更高的系统来进行信号掩盖可以有效提升混沌保密通信的安全性。大多数混沌同步的研究对象是三阶及三阶以下的系统，如 Chua 系统、Lorenz 系统、Chen 系统和 Rossler 系统等。对四阶以上混沌系统研究很少。实际上，高阶混沌系统往往具有两个或两个以上的 Lyapunov 指数，而且密钥空间大、混沌吸引子中的混沌旋涡更多、非线性行为更加复杂和难以预测，因此，在保密通信中采用高阶混沌系统作为载波系统更有利于提高同新方案的抗攻击性。本章针对一个五阶忆阻电路系统，设计一种自适应修正函数投影函数同步方案来提高保密方案的复杂性。该方案中的自适应律使其在系统参数未知的情况下仍能获得良好的同步效果。

2.1 引言

混沌系统是近年来比较流行的一种典型非线性动力系统，它生成的状态信号具有非周期性、为随机性、类噪声性等复杂特性，动态轨迹难以预测，隐蔽性强，在保密通信等信息工程问题中表现出广阔的应用前景。混沌电路的发现意味着电路理论的变革，实践证明，混沌电路产生的伪随机数要比计算机生成的随机数的随机性更好，因此，混沌电路在保密通信领域受到了广泛的关注[25]。1984 年，欧洲科学院院士 Chua L. O. 提出了 Chua 电路，它仅包含两个电容、一个电感、一个电阻和一个 Chua 二极管 NR。这是世界上首个混沌电路，也是第一次实现了非线性电路与混沌理论的结合[26]。混沌电路的出现为混沌理论开辟了全新的发展空间，也为电路设计提供了全新的研究平台。1996 年，ManuelD. R. 和他的研究团队实现了第一个单片集成的音频加密系统，可集成混沌电路开始彰显其应用价值[27]。此后，混沌电路的拓扑结构日趋丰富，混沌电路的物理实现技术也越来越多样化。2000 年,Gonzales O. A. 实现了基于 Lorenz 系统的混沌加密系统的单片集成电路,该集成电路系统中包含变量乘积这样的非线性运算,使得该电路的复杂程度明显高于之前实现的混沌电路系统。2002 年,关于网格多漩涡电路系统和多涡卷电路系统的研究开始展开。2006 年之后,又陆续出现了关于环状和嵌套多翼广义 Lorenz 系统及超混沌电路系统的研究。随着信息技术的发展,关于混沌电路的设计、分析、建模和物理实现及其在电子、通信、系统控制等领域中应用的研究也愈加繁荣。另外,在混沌电路发展过程中,国内学者陈关荣、禹思敏、王发强和吕金虎,国外学者 Suykes、Yalcin、Vandewalle、Elwaki 等都做出了重要的贡献[28-29]。

"忆阻器"(Memristor)是 Chua 在 1971 年研究的记忆电阻器的缩写。忆阻器是一种双端子元件,既可以是电荷控制的忆阻器,也可以是磁通控制的忆阻器。它被称为除电阻器、电容器和电感外缺失的第四个无源基本电路元件。四十多年后,在 2008 年 5 月的第一天,惠普(HP)实验室自豪地宣布他们在研究纳米级的交叉结构中实现了一个忆阻器原型,并将这一结果《Nature》杂志上。这种新的电路元件具有许多电阻的特性,并且具有相同的测量单位——欧姆。该新型电路元件在切断电源后仍有一定的电阻,换而言之,该电子元件在某时刻的值依赖于此前所有时间的电流波的积分,具有记忆性,包含忆阻器的混沌振荡电路可以产生拓扑结构更难识别的混沌吸引子。目前,基于忆阻器的混沌系统的研究已成为电路设计领域的热点问题。Itoh M. 和 Chua L. O. 在 2008 年把 Chua 电路中的二极管用一个 PWL 忆阻器进行取代,派生出了一种基于记忆器的四阶蔡氏电路。2010 年,包伯成等用有源磁通控制的忆阻器代替蔡氏二极管,在四阶蔡氏振荡器电路的基础上实现了一种五阶忆阻混沌电路[30]。

混沌同步是实现混沌保密通信的前提。最初的混沌同步指的是完全同步(Complete Synchronization,CS),即两个混沌系统在控制器的作用下状态轨迹逐渐趋于一致,最终实现状态完全重构的动态过程。在通信系统中即指使接收端的识别系统(响应系统)与发送端的载波系统(驱动系统)这两个混沌系统状态达到一致。随着混沌同步研究的不断深入,到目前为止,已经提出了其他类型的同步方法,例如,反同步(Anti - Synchronization,AS),相位同步(Phase Synchronization,PS),滞后同步(Lag Synchronization,LS),间歇滞后同步(Intermittent Lag Synchronization,ILS),广义同步(General Synchronization,GS),间歇广义同步,时间比例同步,投影同步,修正投影同步(Modified Projective Synchronization,MPS),函数投影同步(Function Projective Synchronization,FPS)等,在这些同步方案中,两个系统的状态变量是与某种稳定且确定的函数关系保持一致的。

在以上这些同步方案中，函数投影同步是最为复杂的，在该方案中，两个系统的状态通过一个时变的比例函数保持一致。注意到，在函数投影同步中，各个分量的缩放比例函数是相同的。近年来，一种更具有一般性的函数投影同步方案——修正函数投影同步(Modified Function Projective Synchronization，MFPS)被提了出来，该方案中，投影函数由一个单个的函数推广成一个对角线型函数矩阵 $\mathrm{diag}\{\lambda_1(t),\lambda_2(t),\cdots,\lambda_n(t)\}$，从而使同步过程中各个分量可以按照不同的比例函数进行投影同步。因为每个分量的比例因子都是时变的并且互不相同，所以该方案可以在保密通信中提供更高的安全保障，从而具有更高的实用价值，因此这一同步方法也引起研究者们的广泛关注。考虑到实际通信过程中增加网络传输时滞可以进一步提高混沌同步的复杂性，学者们又将修正函数投影同步与滞后同步相结合，提出了修正函数投影滞后同步(Modified Function Projective Lag Synchronization，MFPLS)方法。

高阶混沌电路系统由于其混沌吸引子中包含了更多的混沌旋涡，其拓扑结构更为复杂，动态轨迹更难预测，所以更有高的隐蔽性能。将安全性能更好的同步方案 MFLPS 应用于上述的五阶忆阻混沌电路系统，对于提高保密通信的可靠性是很有应用价值的。基于上述讨论，本章将针对这一课题展开研究。

2.2 五阶忆阻混沌电路系统

包伯成等人设计的五阶记忆混沌电路包含两个电感、两个电容和一个有源磁控忆阻忆阻器，其电路图如图 2.1 所示。

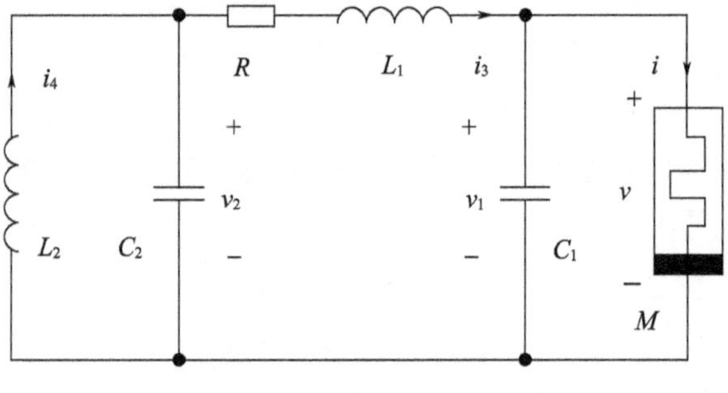

图 2.1 五阶忆阻混沌电路系统的电路图

该混沌电路系统的数学模型可以通过下面的五阶非线性方程组来进行表示：

$$\begin{cases}\dfrac{\mathrm{d}v_1(t)}{\mathrm{d}t}=\dfrac{1}{C_1}(i_3(t)-W(\varphi(t))v_1(t))\\ \dfrac{\mathrm{d}v_2(t)}{\mathrm{d}t}=\dfrac{1}{C_2}(-i_3(t)+i_4(t))\\ \dfrac{\mathrm{d}i_3(t)}{\mathrm{d}t}=\dfrac{1}{L_1}(v_2(t)-v_1(t)-Ri_3(t))\\ \dfrac{\mathrm{d}i_4(t)}{\mathrm{d}t}=-\dfrac{1}{L_2}v_2(t)\\ \dfrac{\mathrm{d}\varphi(t)}{\mathrm{d}t}=v_1(t)\end{cases}\tag{2-1}$$

其中，v_1，v_2 表示两个电容两段的电压，i_3，i_4 表示通过两个电感圈的电流，φ 表示有源磁控忆阻器的状态变量，$q(t)=-a\varphi+b\varphi^3$ 是描述该忆阻器特性的非线性函数，$W(\varphi(t))=-a+3b\varphi^2(t)$ 是 $q(t)$ 的导函数，也称为忆导。

记

$$[x_1(t),x_2(t),x_3(t),x_4(t),x_5(t)]^{\mathrm{T}}=[v_1(t),v_2(t),i_3(t),i_4(t),\varphi(t)]^{\mathrm{T}}$$

则系统(2-1)可以改写为

$$\begin{cases}\dot{x}_1(t)=\dfrac{1}{C_1}(x_3(t)-W(x_5(t))x_1(t))\\ \dot{x}_2(t)=\dfrac{1}{C_2}(-x_3(t)+x_4(t))\\ \dot{x}_3(t)=\dfrac{1}{L_1}(x_2(t)-x_1(t)-Rx_3(t))\\ \dot{x}_4(t)=-\dfrac{1}{L_2}x_2(t)\\ \dot{x}_5(t)=x_1(t)\end{cases}\tag{2-2}$$

如果取

$$\frac{1}{C_1}=9,C_2=1,\frac{1}{L_1}=30,\frac{1}{L_2}=15,R=1,a=1.2,b=0.4$$

同时，系统初始状态取值 $[0,0.2,0,0,0]^{\mathrm{T}}$，那么，电路系统(2-2)就会表现出复杂的混沌特性，它的多涡卷吸引子如图 2.2 所示。

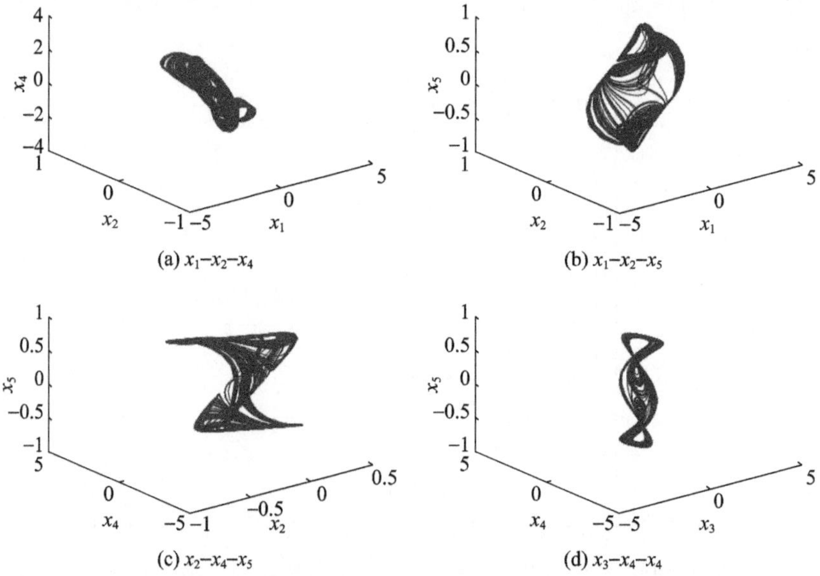

图 2.2　五阶忆阻混沌电路系统的混沌吸引子相位图

2.3　五阶忆阻混沌电路系统的修正函数投影滞后同步

令 $\boldsymbol{x}(t)=[x_1(t),x_2(t),x_3(t),x_4(t),x_5(t)]^{\mathrm{T}}$，考虑到外界干扰的存在，系统(2－2)可重新表示如下

$$\dot{x}(t)=\boldsymbol{A}\boldsymbol{x}(t)+\boldsymbol{f}(x(t))+\boldsymbol{w}(t) \tag{2-3}$$

其中

$$\boldsymbol{A}=\begin{bmatrix} \frac{a}{C_1} & 0 & \frac{1}{C_1} & 0 & 0 \\ 0 & 0 & -\frac{1}{C_2} & \frac{1}{C_2} & 0 \\ -\frac{1}{L_1} & \frac{1}{L_1} & -\frac{R}{L_1} & 0 & 0 \\ 0 & -\frac{1}{L_2} & 0 & 0 & 0 \\ 1 & 0 & 0 & 0 & 0 \end{bmatrix}$$

$$f(x(t)) = \left[-\frac{b}{C_1}x_1(t)x_5^2(t),0,0,0,0\right]^{\mathrm{T}}$$

$$w(t) = [w_1(t),w_2(t),w_3(t),w_4(t),w_5(t)]^{\mathrm{T}}$$

把系统(2-3)作为驱动系统,对应的响应系统可以表示为

$$\dot{y}(t) = By(t) + g(y(t)) + d(t) + u(t), \tag{2-4}$$

其中

$$y(t) = [y_1(t),y_2(t),y_3(t),y_4(t),y_5(t)]^{\mathrm{T}}$$

$$g(y(t)) = \left[-\frac{\bar{b}}{\bar{C}_1}y_1(t)y_5^2(t),0,0,0,0\right]^{\mathrm{T}}$$

$$d(t) = [d_1(t),d_2(t),d_3(t),d_4(t),d_5(t)]^{\mathrm{T}}$$

$$B = \begin{bmatrix} \frac{\bar{a}}{C_1} & 0 & \frac{1}{C_1} & 0 & 0 \\ 0 & 0 & -\frac{1}{C_2} & \frac{1}{C_2} & 0 \\ -\frac{1}{L_1} & \frac{1}{L_1} & -\frac{\bar{R}}{L_1} & 0 & 0 \\ 0 & -\frac{1}{L_2} & 0 & 0 & 0 \\ 1 & 0 & 0 & 0 & 0 \end{bmatrix}$$

假设 2.1 未知的外界时变扰动 $w(t)$ 和 $d(t)$ 都是有界的,也就是说,存在非负常数 l_1^i 和 l_2^i,使得

$$|w_i(t)| \leqslant l_1^i, |d_i(t)|_1 \leqslant l_2^i. \quad (i=1,2,\cdots,5)$$

记

$$l_1 = \sum_{i=1}^{5} l_1^i,\ l_2 = \sum_{i=1}^{5} l_2^i$$

进而有

$$\| w(t) \|_1 \leqslant l_1,\ \| d(t) \|_1 \leqslant l_2$$

其中,$\| \cdot \|_1$表示向量的 1-范数。

定义 2.1 对于驱动系统(2-3)和响应系统(2-4),我们称它们是修正函数投影滞后同步,如果存在一个常数时滞 τ 和一个比例函数矩阵 $\Lambda(t)$,使得

$$\lim_{t\to\infty} \| x(t-\tau) - \Lambda(t)y(t) \| = 0 \tag{2-5}$$

或者

$$\lim_{t\to\infty}\|\boldsymbol{y}(t)-\boldsymbol{\Lambda}^{-1}(t)\boldsymbol{x}(t-\tau)\|=0 \tag{2-6}$$

其中,比例函数矩阵 $\boldsymbol{\Lambda}(t)=\mathrm{diag}\{\lambda_1(t),\lambda_2(t),\cdots,\lambda_5(t)\}$ 是可逆的,并且它的每个元素 $\lambda_i(t)\neq 0$ 都是一个有界且连续可微的函数,$\|\cdot\|$ 表示向量的 2 - 范数。

注 2.1 显然,式(2-5)与式(2-6)是等价的。

注 2.2 如果分别取 $\tau=0$,或者 $\tau=0,\lambda_1(t)=\lambda_2(t)=\cdots=\lambda_5(t)$,或者 $\tau=0,\lambda_1(t)=\lambda_2(t)=\cdots=\lambda_5(t)=1$,那么修正函数投影滞后同步就分别退化为修正函数投影同步,函数投影同步,或者完全同步。

记 $\boldsymbol{\Lambda}_1(t)=\mathrm{diag}\{|\lambda_1(t)|,|\lambda_2(t)|,\cdots,|\lambda_5(t)|\}$,$\boldsymbol{D}=\mathrm{diag}\{\mathrm{sign}(\lambda_1(t)),\mathrm{sign}(\lambda_2(t)),\cdots,\mathrm{sign}(\lambda_5(t))\}$,则对角矩阵 $\boldsymbol{\Lambda}(t)$ 可以分解为

$$\boldsymbol{\Lambda}(t)=\boldsymbol{\Lambda}_1(t)\cdot\boldsymbol{D}$$

显然

$$\boldsymbol{D}\cdot\boldsymbol{D}=\boldsymbol{I}$$

其中,$\boldsymbol{I}$ 表示具有适当维数的单位矩阵。

注意到 $\lambda_i(t)\neq 0$ 是有界并且连续可微的函数,不失一般性,我们进一步给出以下假设。

假设 2.2 存在三个非负常数 α,β 和 γ,使得,

$$\alpha\leqslant\|\boldsymbol{\Lambda}_1^{-1}(t)\|_1\leqslant\beta$$
$$\|(\dot{\boldsymbol{\Lambda}}_1^{-1})(t)\|_1\leqslant 2\gamma$$

本章的目标是设计一个控制器 $\boldsymbol{u}(t)$,保证驱动系统(2-3)和响应系统(2-4)可以实现修正函数投影滞后同步。

首先,定义同步误差向量

$$\boldsymbol{e}(t)=\boldsymbol{x}(t-\tau)-\boldsymbol{\Lambda}(t)\boldsymbol{y}(t) \tag{2-7}$$

将驱动系统(2-3)、响应系统(2-4)与 MFPLS 误差向量(2-13)相结合,就可以得到下面的 MFPLS 动态误差方程

$$\dot{\boldsymbol{e}}(t)=\boldsymbol{A}\boldsymbol{e}(t)+\boldsymbol{h}(\boldsymbol{x},\boldsymbol{y})+\boldsymbol{w}(t-\tau)-\boldsymbol{\Lambda}(t)\boldsymbol{d}(t)-\boldsymbol{\Lambda}(t)\boldsymbol{u}(t) \tag{2-8}$$

其中

$$\boldsymbol{h}(\boldsymbol{x},\boldsymbol{y})=[\boldsymbol{A}\boldsymbol{\Lambda}(t)-\boldsymbol{\Lambda}(t)\boldsymbol{B}-\dot{\boldsymbol{\Lambda}}(t)]\boldsymbol{y}(t)+\boldsymbol{f}(\boldsymbol{x}(t-\tau))-\boldsymbol{\Lambda}(t)\boldsymbol{g}(y(t))$$

进而可得

$$\begin{aligned}\boldsymbol{\Lambda}_1^{-1}(t)\dot{\boldsymbol{e}}(t)=&\boldsymbol{\Lambda}_1^{-1}(t)A\boldsymbol{e}(t)+\boldsymbol{\Lambda}_1^{-1}(t)\boldsymbol{h}(\boldsymbol{x},\boldsymbol{y})+\boldsymbol{\Lambda}_1^{-1}(t)\boldsymbol{w}(t-\tau)\\&-\boldsymbol{D}\boldsymbol{d}(t)-\boldsymbol{D}\boldsymbol{u}(t)\end{aligned} \tag{2-9}$$

2.4 自适应控制器的设计

本节将致力于设计一个自适应控制器,来实现两个不确定混沌系统(2-3)与(2-4)之间的修正函数投影滞后同步。本着从特殊到一般的原则,接下来分三种情况进行讨论。

情况1:边界常数 l_1 和 l_2 都是已知的。

为了实现修正函数投影滞后同步(MFPLS),我们设计如下的自适应控制器

$$\begin{aligned}\boldsymbol{u}(t) = &\boldsymbol{D}[\boldsymbol{\Lambda}_1^{-1}(t)\boldsymbol{A}\boldsymbol{e}(t) + \boldsymbol{\Lambda}_1^{-1}(t)\boldsymbol{h}(\boldsymbol{x},\boldsymbol{y}) + \boldsymbol{K}\boldsymbol{e}(t)]\\ &+ (\beta l_1 + l_2)\boldsymbol{D}\mathrm{sign}(\boldsymbol{e}(t))\end{aligned} \tag{2-10}$$

其中,$\boldsymbol{K} = \mathrm{diag}\{k_1, k_2, \cdots, k_5\}$ 是控制增益矩阵,且

$$\mathrm{sign}(\boldsymbol{e}(t)) = [\mathrm{sign}(e_1(t)), \mathrm{sign}(e_2(t)), \cdots, \mathrm{sign}(e_5(t))]^{\mathrm{T}}$$

定理 2.1 如果存在对称正定矩阵 $\boldsymbol{Q}$,使得下面的线性矩阵不等式成立,

$$-\boldsymbol{K} + \gamma\boldsymbol{I} = -\boldsymbol{Q} \tag{2-11}$$

那么,驱动系统(2-3)响应系统(2-4)是修正函数投影滞后同步(MFPLS)的。

证明 将控制器(2-10)代入式(2-19),可得

$$\boldsymbol{\Lambda}_1^{-1}(t)\dot{\boldsymbol{e}}(t) = \boldsymbol{\Lambda}_1^{-1}(t)\boldsymbol{w}(t-\tau) - \boldsymbol{D}\boldsymbol{d}(t) - \boldsymbol{K}\boldsymbol{e}(t) - (\beta l_1 + l_2)\mathrm{sign}(\boldsymbol{e}(t)) \tag{2-12}$$

鉴于 $\boldsymbol{\Lambda}_1^{-1}(t)$ 是正定矩阵,设计如下 Lyapunov 函数

$$V(t) = \frac{1}{2}\boldsymbol{e}^{\mathrm{T}}(t)\boldsymbol{\Lambda}_1^{-1}(t)\boldsymbol{e}(t)$$

沿着误差系统(2-8)对函数 $V(t)$ 求导,并结合式(2-12),可得

$$\begin{aligned}\dot{V}(t) &= \boldsymbol{e}^{\mathrm{T}}(t)\boldsymbol{\Lambda}_1^{-1}(t)\dot{\boldsymbol{e}}(t) + \frac{1}{2}\boldsymbol{e}^{\mathrm{T}}(\dot{\boldsymbol{\Lambda}}_1^{-1}(t))\boldsymbol{e}(t)\\ &= \boldsymbol{e}^{\mathrm{T}}(t)[\boldsymbol{\Lambda}_1^{-1}(t)\boldsymbol{w}(t-\tau) - \boldsymbol{D}\boldsymbol{d}(t) - \boldsymbol{K}\boldsymbol{e}(t) - (\beta l_1 + l_2)\mathrm{sign}(\boldsymbol{e}(t))]\\ &\quad + \frac{1}{2}\boldsymbol{e}^{\mathrm{T}}(t)(\dot{\boldsymbol{\Lambda}}_1^{-1}(t))\boldsymbol{e}(t)\\ &\leqslant (\|\boldsymbol{\Lambda}_1^{-1}(t)\boldsymbol{w}(t-\tau)\|_1 + \|\boldsymbol{d}(t)\|_1)\|\boldsymbol{e}(t)\|_1 - (\beta l_1 + l_2)\|\boldsymbol{e}(t)\|_1\\ &\quad - \boldsymbol{e}^{\mathrm{T}}(t)\boldsymbol{K}\boldsymbol{e}(t) + \frac{1}{2}\boldsymbol{e}^{\mathrm{T}}(t)(\dot{\boldsymbol{\Lambda}}_1^{-1}(t))\boldsymbol{e}(t)\end{aligned}$$

由假设2.1和假设2.2可知

$$(\|\boldsymbol{\Lambda}_1^{-1}(t)w(t-\tau)\|_1 + \|\boldsymbol{d}(t)\|_1)\|\boldsymbol{e}(t)\|_1 \leqslant (\beta l_1 + l_2)\|\boldsymbol{e}(t)\|_1$$

$$\frac{1}{2}e^{\mathrm{T}}(t)(\dot{\Lambda}_1^{-1})e(t) \leqslant e^{\mathrm{T}}(t)(\gamma I)e(t)$$

所以

$$\dot{V}(t) \leqslant -e^{\mathrm{T}}(t)(K-\gamma I)e(t) = -e^{\mathrm{T}}(t)Qe(t)$$

结合式(2-11),可知

$$\dot{V}(t) < 0$$

借助 Lyapunov 稳定性理论,可得

$$\lim_{t\to\infty} e(t) = 0$$

根据定义 2.1 可知,系统(2-3)和(2-4)是修正函数投影滞后同步的。

证毕。

情况 2:边界常数 l_1 和 l_2 都是未知的。

令 $\rho=\beta l_1+l_2$,用 $\hat{\rho}$ 表示 ρ 的估计值。利用自适应控制理论,设计如下控制器

$$u(t) = D[\Lambda_1^{-1}(t)Ae(t)+\Lambda_1^{-1}(t)h(x,y)+Ke(t)]+q\hat{\rho}D\mathrm{sign}(e(t)) \tag{2-13}$$

相应的参数自适应律设计为

$$\dot{\hat{\rho}} = q\,\|e(t)\|_1 \tag{2-14}$$

其中,常数 $q>0$ 代表自适应参数。

定理 2.2 如果存在一个非负常数 η 和一个对称正定矩阵 Q,使得下面两个线性矩阵不等式成立

$$-\beta l_1+l_2-\rho q = -\eta \tag{2-15}$$

$$-K+\gamma I = -Q \tag{2-16}$$

那么,混沌系统(2-3)和(2-4)是修正函数投影滞后同步的。

证明:将控制器(2-13)和自适应律(2-14)代入式(2-9),可得

$$\Lambda_1^{-1}(t)\dot{e}(t) = \Lambda_1^{-1}(t)w(t-\tau)-Dd(t)-Ke(t)-q\hat{\rho}\mathrm{sign}(e(t)) \tag{2-17}$$

构造如下 Lyapunov 函数

$$V(t) = \frac{1}{2}e^{\mathrm{T}}(t)\Lambda_1^{-1}(t)e(t)+\frac{1}{2}(\hat{\rho}-\rho)^2$$

沿误差系统(2-8)对 Lyapunov 函数 $V(t)$ 求导,并结合式(2-17),得

$$\dot{V}(t) = e^{\mathrm{T}}(t)\Lambda_1^{-1}(t)\dot{e}(t)+\frac{1}{2}e^{\mathrm{T}}(t)\dot{\Lambda}_1^{-1}(t)e(t)+(\hat{\rho}-\rho)\dot{\hat{\rho}}$$

$$
\begin{aligned}
&= \boldsymbol{e}^{\mathrm{T}}(t)[\boldsymbol{\Lambda}_1^{-1}(t)\boldsymbol{w}(t-\tau) - \boldsymbol{Dd}(t) - \boldsymbol{Ke}(t) - q\hat{\rho}\mathrm{sign}(e(t))] \\
&+ \frac{1}{2}\boldsymbol{e}^{\mathrm{T}}(t)\dot{\boldsymbol{\Lambda}}_1^{-1}(t)\boldsymbol{e}(t) + (\hat{\rho}-\rho)\dot{\hat{\rho}} \\
&\leqslant (\|\boldsymbol{\Lambda}_1^{-1}(t)\boldsymbol{w}(t-\tau)\|_1 + \|\boldsymbol{d}(t)\|_1)\|\boldsymbol{e}(t)\|_1 - q\rho\|\boldsymbol{e}(t)\|_1 \\
&- \boldsymbol{e}^{\mathrm{T}}(t)(\boldsymbol{K}-\gamma\boldsymbol{I})\boldsymbol{e}(t) \\
&\leqslant (\beta l_1 + l_2)\|\boldsymbol{e}(t)\|_1 - q\rho\|\boldsymbol{e}(t)\|_1 - \boldsymbol{e}^{\mathrm{T}}(t)(\boldsymbol{K}-\gamma\boldsymbol{I})\boldsymbol{e}(t) \\
&= (\beta l_1 + l_2 - q\rho)\|\boldsymbol{e}(t)\|_1 - \boldsymbol{e}^{\mathrm{T}}(t)(\boldsymbol{K}-\gamma\boldsymbol{I})\boldsymbol{e}(t) \\
&= -\eta\|\boldsymbol{e}(t)\|_1 - \boldsymbol{e}^{\mathrm{T}}(t)\boldsymbol{Qe}(t)
\end{aligned}
$$

结合条件(2-15)和(2-16)可知

$$\dot{V}(t) < 0$$

利用 Lyapunov 稳定性理论,可得

$$\lim_{t\to\infty}\boldsymbol{e}(t) = \boldsymbol{0}$$

即不确定混沌系统(2-3)和(2-4)之间实现了修正函数投影滞后同步。

证毕。

情况 3:所有的边界量 l_1^i 及 l_2^i,$(i=1,2,\cdots,5)$都是未知的。

令

$$\boldsymbol{\rho} = (\rho_1,\rho_2,\cdots,\rho_5)^{\mathrm{T}},\rho_i = \beta l_1^i + l_2^i,(i=1,2,\cdots,5)$$

同时,用向量 $\hat{\rho} = (\hat{\rho}_1,\hat{\rho}_2,\cdots,\hat{\rho}_5)^{\mathrm{T}}$ 表示 ρ 的估计值。

针对该情形,控制器和参数自适应律分别设计为

$$
\begin{aligned}
\boldsymbol{u}(t) &= \boldsymbol{D}[\boldsymbol{\Lambda}_1^{-1}(t)\boldsymbol{Ae}(t) + \boldsymbol{\Lambda}_1^{-1}(t)\boldsymbol{h}(\boldsymbol{x},\boldsymbol{y}) + \boldsymbol{Ke}(t)] \\
&+ \boldsymbol{D}(q_1\hat{\rho}_1\mathrm{sign}(e_1(t)),q_2\hat{\rho}_2\mathrm{sign}(e_2(t)),\cdots,q_5\hat{\rho}_5\mathrm{sign}(e_5(t)))^{\mathrm{T}}
\end{aligned}
\quad (2-18)
$$

和

$$\dot{\hat{\rho}}_i = q_i\|e(t)\|_1(i=1,2,\cdots,5) \quad (2-19)$$

这里,常数 q_i 表示自适应参数。

定理 2.3 如果存在一组非负常数 η_i 和一个正定对称矩阵 $\boldsymbol{Q}$,使得下列线性矩阵不等式成立

$$\beta l_1^i + l_2^i - \rho_i q_i = -\eta_i(i=1,2,\cdots,5) \quad (2-20)$$

$$-\boldsymbol{K} + \gamma\boldsymbol{I} = -\boldsymbol{Q} \quad (2-21)$$

那么,驱动系统(2-3)和响应系统(2-4)是修正函数投影滞后同步(MF-PLS)的。

证明:把自适应控制律(2-18)、(2-19)代入误差系统(2-8),可得

$$\boldsymbol{\Lambda}_1^{-1}(t)\dot{\boldsymbol{e}}(t)=\boldsymbol{\Lambda}_1^{-1}(t)\boldsymbol{w}(t-\tau)-\boldsymbol{Dd}(t)-\boldsymbol{Ke}(t)$$
$$-(q_1\hat{\rho}_1\operatorname{sign}(e_1(t)),q_2\hat{\rho}_2\operatorname{sign}(e_2(t)),\cdots,q_5\hat{\rho}_5\operatorname{sign}(e_5(t)))^{\mathrm{T}} \tag{2-22}$$

基于此,相应地 Lyapunov 函数设计如下

$$V(t)=\frac{1}{2}\boldsymbol{e}^{\mathrm{T}}(t)\boldsymbol{\Lambda}_1^{-1}(t)\boldsymbol{e}(t)+\frac{1}{2}(\hat{\boldsymbol{\rho}}-\boldsymbol{\rho})^{\mathrm{T}}(\hat{\boldsymbol{\rho}}-\boldsymbol{\rho})$$

对 $V(t)$ 关于时间 t 求导,可得

$$\dot{V}(t)=\boldsymbol{e}^{\mathrm{T}}(t)\boldsymbol{\Lambda}_1^{-1}(t)\dot{\boldsymbol{e}}(t)+\frac{1}{2}\boldsymbol{e}^{\mathrm{T}}(t)\dot{\boldsymbol{\Lambda}}_1^{-1}(t)\boldsymbol{e}(t)+(\hat{\rho}-\rho)\dot{\hat{\rho}} \tag{2-23}$$

将式(2-22)代入式(2-23),可得

$$\begin{aligned}
\dot{V}(t)&=\boldsymbol{e}^{\mathrm{T}}(t)\{\boldsymbol{\Lambda}_1^{-1}(t)\boldsymbol{w}(t-\tau)-\boldsymbol{Dd}(t)-(q_1\hat{\rho}_1\operatorname{sign}(e_1(t)),q_2\hat{\rho}_2\operatorname{sign}(e_2(t)),\cdots,\\
&\quad q_5\hat{\rho}_5\operatorname{sign}(e_5(t)))^{\mathrm{T}}\}\\
&\quad+\sum_{i=1}^{5}(q_i\hat{\rho}_i|e_i(t)|-q_i\rho_i|e_i(t)|)-\boldsymbol{e}^{\mathrm{T}}(t)\boldsymbol{Ke}(t)+\frac{1}{2}\boldsymbol{e}^{\mathrm{T}}(t)(\dot{\boldsymbol{\Lambda}}_1^{-1})\boldsymbol{e}(t)\\
&\leqslant\sum_{i=1}^{5}((\beta l_1^i+l_2^i)|e_i(t)|-q_i\hat{\rho}_i|e_i(t)|)+\sum_{i=1}^{5}(q_i\hat{\rho}_i|e_i(t)|\\
&\quad-q_i\rho_i|e_i(t)|)-\boldsymbol{e}^{\mathrm{T}}(t)(\boldsymbol{K}-\gamma\boldsymbol{I})\boldsymbol{e}(t)\\
&=\sum_{i=1}^{5}(((\beta l_1{}^i+l_2{}^i)-q_i\rho_i)|e_i(t)|)-\boldsymbol{e}^{\mathrm{T}}(t)(\boldsymbol{K}-\gamma\boldsymbol{I})\boldsymbol{e}(t)\\
&=-\sum_{i=1}^{5}\eta_i|e_i(t)|-\boldsymbol{e}^{\mathrm{T}}(t)\boldsymbol{Qe}(t)<0
\end{aligned}$$

结合条件(2-20)、(2-21)可得

$$\dot{V}(t)<0$$

根据 Lyapunov 稳定性理论可知

$$\lim_{t\to\infty}e(t)=\mathbf{0}$$

所以,不确定混沌系统(2-3)和(2-4)能够实现修正函数投影滞后同步。证毕。

2.5 数值仿真

本节将通过一个具体的仿真实验来验证本章所设计的同步控制方案的有效性和先进性。

该仿真实验中，两个基于记忆器的具有未知扰动的五阶混沌电路系统分别被选作驱动系统和响应系统，它们的数学模型分别如下

驱动系统：

$$\dot{\boldsymbol{x}}(t)=\boldsymbol{A}\boldsymbol{x}(t)+\boldsymbol{f}(\boldsymbol{x}(t))+\boldsymbol{w}(t)$$

响应系统：

$$\dot{\boldsymbol{y}}(t)=\boldsymbol{B}\boldsymbol{y}(t)+\boldsymbol{g}(\boldsymbol{y}(t))+\boldsymbol{d}(t)+\boldsymbol{u}(t)$$

其中

$$\boldsymbol{A}=\begin{bmatrix}10.8 & 0 & 9 & 0 & 0\\ 0 & 0 & -1 & 1 & 0\\ -30 & 30 & -30 & 0 & 0\\ 0 & -15 & 0 & 0 & 0\\ 1 & 0 & 0 & 0 & 0\end{bmatrix}$$

$$\boldsymbol{B}=\begin{bmatrix}9 & 0 & 10 & 0 & 0\\ 0 & 0 & -1 & 1 & 0\\ -28 & 28 & -33.6 & 0 & 0\\ 0 & -11 & 0 & 0 & 0\\ 1 & 0 & 0 & 0 & 0\end{bmatrix}$$

$$\boldsymbol{f}(\boldsymbol{x}(t))=[-10.8x_1x_5^2,0,0,0,0]^{\mathrm{T}}$$

$$\boldsymbol{g}(\boldsymbol{y}(t))=[-9y_1y_5^2,0,0,0,0]^{\mathrm{T}}$$

$$\boldsymbol{w}(t)=[\sin 10t,0,0,0,0]^{\mathrm{T}}$$

$$\boldsymbol{d}(t)=[0.1\sin t,0.2\sin t,0.5\cos 2t,0.2-0.1\sin t,0.1+0.2\cos t]^{\mathrm{T}}$$

选取时滞常数 $\tau=1$，比例函数矩阵

$\boldsymbol{\Lambda}(t)=\mathrm{diag}\{3.1+\cos t,3.1+\sin t,4.2-\sin t,3.2+\sin 5t,4.5-0.5\sin t\}$

与此同时，控制增益和自适应参数分别设置为

$$\boldsymbol{K}=\mathrm{diag}\{10,10,10,10,10\}$$

$$q_1=q_2\cdots=q_5=10$$

仿真过程中，驱动系统的初始状态随机选取为

$$\boldsymbol{x}(0)=[0,0,1,0,0]^{\mathrm{T}}$$

对应地，响应系统的初始状态为

$$\boldsymbol{y}(0)=[0.5,0,-1,0,1]^{\mathrm{T}}$$

采用定理 2.3 中的控制方案，修正函数投影滞后同步误差的状态轨迹可通过图 2.3 进行描述。仿真结果表明，当控制器 $\boldsymbol{u}(t)$ 保持在图 2.4 所示的合理范

围内时,误差可迅速收敛到零。同时,如图 2.5 所示,参数自适应更新律可以有效地跟踪时变参数的上界。

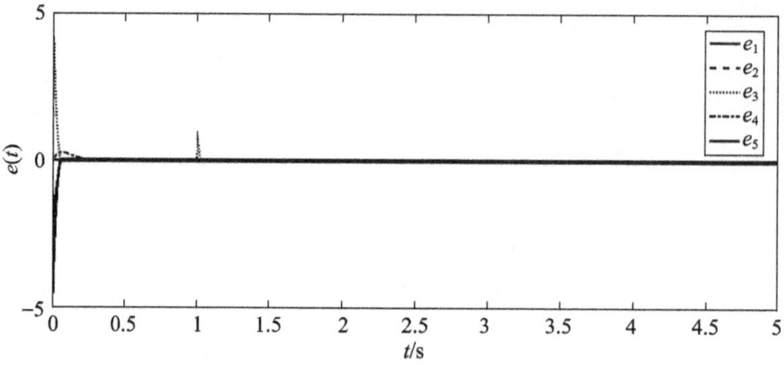

图 2.3　同步误差系统时间响应曲线

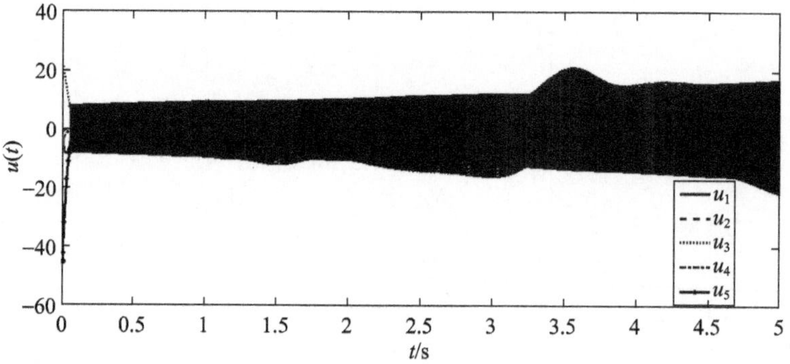

图 2.4　控制器 $u(t)$ 的时间响应曲线

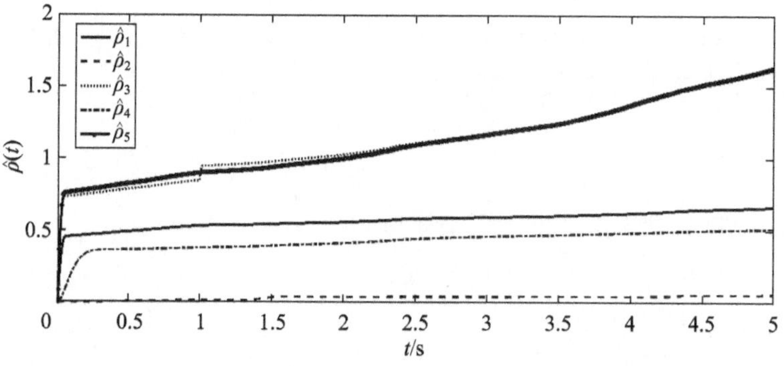

图 2.5　未知参数 $\rho(t)$ 上界估计值的时间响应曲线

在此基础上,进行信号加密测试。测试中,原始信号(即加密信号)选取为

$$s(t)=0.1\sin 5t$$

调试后的信号为

$$m(t)=s(t)+0.5x_2(t)-0.6x_4(t)+0.8x_5(t)$$

根据同步方案可得,解密信号为

$$\hat{s}(t)=m(t)-0.5\lambda_2(t+\tau)y_2(t+\tau)+0.6\lambda_4(t+\tau)y_4(t+\tau)\\-0.8\lambda_5(t+\tau)y_5(t+\tau)$$

加密信号 $s(t)$ 和解密信号 $\hat{s}(t)$ 的状态轨迹如图 2.6 所示。显然,解密后的信号 $\hat{s}(t)$ 能很好地与原始信号 $s(t)$ 保持一致。这表明了该同步保密方案可以实时准确地获取原始信号。

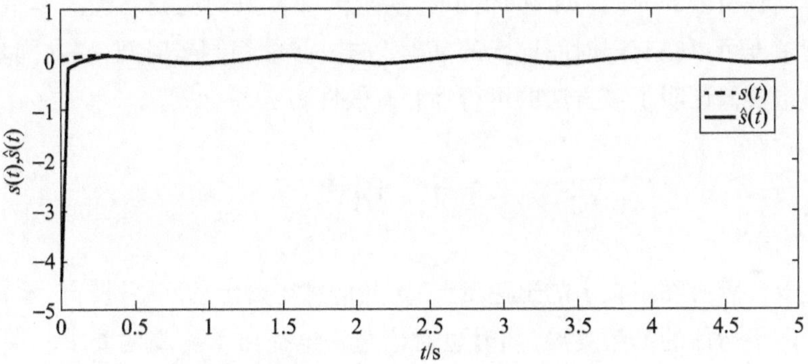

图 2.6 加密信号 $s(t)$ 和解密信号 $\hat{s}(t)$ 的状态轨迹图

2.6 小结

本章研究了两个具有未知有界扰动的五阶忆阻混沌电路系统的修正函数投影滞后同步问题,将自适应控制技术与 Lyapunov 稳定性理论相结合,设计出一种新的自适应同步控制方案,使得驱动系统和响应系统的状态能够按照一个期望的比例函数矩阵实现渐近同步,并能有效地估计未知参数的上界。该同步控制方法的一个优点是简单易行,便于物理实现,其次,由于该混沌电路系统的阶数较高,混沌拓扑结构更加难以预测,当其被应用到保密通信的过程中时,可以有效地提高保密性能。此外,该方法也适用于其他混沌系统的修正函数投影滞后同步问题,在保密通信、图像处理等领域有着广泛的应用。

第三章　不确定混沌系统带有指定衰减度的自适应有限时间修正函数滞后同步

针对一类参数未知的混沌系统,研究其带有指定衰减度的自适应有限时间修正函数滞后同步问题。为了保证滑动模态的有限时间稳定性,提出一种新的积分型终端滑模面。在此基础上,设计一种有限时间自适应同步控制方案,保证滑模运动在有限的时间内发生的同时,实现未知参数的精确估计。本章设计的指数衰减度可以在有限时间同步的基础上进一步缩短同步时间,提高同步精度。数值模拟实验证明了该方法的可行性和有效性。

3.1　引言

随着计算机网络技术的迅速发展,大量信息需要借助网络进行传输,一方面促进了网络通信的繁荣发展,同时也对信息安全提出了更高的要求。混沌系统具有对初始条件的敏感性,系统变化的不可预测性、分维性等复杂的动力学特征,在保密通信领域展示了良好的应用前景。基于混沌同步的保密通信的基本思想是将要发射的信号调制在加密系统(驱动系统)中进行传输,当解密系统(响应系统)与加密系统(驱动系统)达到同步时,隐藏的信号就可以被还原出来。为保证信息传输的安全,通常要求被传输的信号的强度(振幅)远小于载波信号的强度(振幅)。

随着混沌同步研究的不断发展,目前已提出了多种不同的混沌同步方案,其中最为复杂的是修正函数投影滞后同步,在该方案中,驱动系统和响应系统的各个状态分量按照不同的比例函数因子进行投影同步,它是完全同步、广义同步,以及投影同步的推广。因为该同步方案中的投影比例是可变的函数,而且各个分量的比例函数互不相同,同时还引入了同步时滞,所以反解码能力更强。

以往的研究主要集中于渐近同步。在实际应用中,同步时间也是衡量同步方案的重要指标。为了实现快速同步,近年来有限时间同步变得活跃起来[31-32]。

事实上,仅保证有限时间同步是不够的,有时候还需要达到某些性能指标。为了进一步提高有限时间同步的性能,本章引入指数衰减度的概念,即通过给常规误差乘上一个非负幂次的指数函数,构造一个广义误差系统[33]。如果广义误差系统在有限的时间内趋近于零,那么常规误差系统也在有限的时间内收敛到零,并且其收敛速度更高。我们把这种新的同步方案称为带有指定衰减度的混沌同步。

未知参数的存在会增加同步控制的复杂性,自适应控制技术是实现参数辨识的有效方法。另外,在混沌同步过程中,外界的扰动不可避免地会对同步性能产生影响。滑模控制(Sliding Mode Control,SMC)是近年来比较流行的非线性不连续控制策略。该控制方法的独特之处在于其"结构"是可变的。在控制过程中,系统会根据当前的状态来对控制器进行切换,使系统的状态在有限的时间内从初始状态到达并保持在一个超平面上,该超平面由一个预先设置的切换函数所决定。这个超平面称为"切换面"或者"滑模面",系统状态在滑模面上的运动称为"滑模运动"或"滑动模态",由于滑动模态仅与滑模面的选取有关,而与被控对象的参数以及外界的干扰无关,这使得滑模变结构控制对模型的不确定性具有很好的稳健性、对系统参数有较强的抗干扰能力,此外,滑模变结构控制还具有参数选取灵活的优势,所以滑模变结构控制已经成为处理不确定系统控制问题的有效方法[34-35]。在滑模控制过程中,系统运动可分为滑模到达阶段和滑动模态阶段。滑模到达阶段是指系统状态趋近滑模面的过程,在该阶段,系统状态会在到达控制器的作用下从任意初始位置到达滑模面;滑动模态阶段,是指系统到达滑模面后,在控制器的作用下稳定的保持在滑模面上,沿着滑模面"滑动"的过程。

滑模控制通常要有理想的滑动模态、良好的动态品质和较高的稳健性能,这些性能的获取一般需要通过设计合适的滑模面来实现。目前,大多数基于滑模控制方法都是基于线性滑模面的,这些方法往往要选取较大的控制增益来提高对外界扰动的稳健性,而过高的控制增益不但会增加控制成本,而且会引起系统的抖振,破坏系统的平稳性[36]。另外,基于线性滑模面的滑模控制方案往往只能保证系统的渐近收敛而不能保证其有限时间收敛。为了获得更好的控制性能,通过在滑模面的终端吸引子中引入非线性项,提出了终端滑模控制(Terminal Sliding Mode Control,TMCS),该方法不但具有比线性滑模更快的收敛速度和更高的稳态精度,而且保留了传统滑模控制设计简单易于实现的优点,进而被广泛地应用于航天器姿态控制、智能机器手臂、水下运载器、导弹目标追踪、无人驾驶系统、混沌同步控制等领域[37]。

终端滑模控制虽然在系统的收敛时间上取得了进步,但仍然存在抖振现象。为了进一步减小抖振,通在终端滑模面基础上增加状态变量的积分补偿环节,设计出了积分终端滑模控制终端滑模控制(Integral Terminal Sliding Mode Control, ITMCS)。由于滑模面中含状态变量的积分,因此可以进一步削弱滑动模态的抖动,并能减少系统的稳态误差。但是现有的积分终端滑模控制都是单幂次的,或者双幂次的,灵活性不高[38]。

综上所述,本章将致力于设计一种多幂次的积分型终端滑模控制器,并将其与自适应控制技术相结合,处理带有未知参数的混沌系统的有限时间修正函数投影滞后同步问题,在此基础上,引入指数衰减度,进一步缩短了同步时间,改善了同步精度。

本章的其余部分安排如下。在3.2节中,对要研究的同步问题进行了初步说明并介绍了一些常用引理。在3.3节中,设计了一种新的滑模控制方案,实现了带有指定衰减度的有限时间同步,同时给出了未知参数的自适应律。3.4节通过一个仿真实例验证了理论推导的正确性。最后,在3.5节对本章的工作进行了小结。

3.2 问题描述及预备知识

考虑以下两个参数完全未知的混沌系统。

驱动系统:

$$\begin{cases}\dot{x}_1(t)=\boldsymbol{F}_1(\boldsymbol{x}(t))\theta_1+f_1(\boldsymbol{x}(t))\\ \dot{x}_2(t)=\boldsymbol{F}_2(\boldsymbol{x}(t))\theta_2+f_2(\boldsymbol{x}(t))\\ \vdots\\ \dot{x}_n(t)=\boldsymbol{F}_n(x(t))\theta_n+f_n(\boldsymbol{x}(t))\end{cases}\tag{3-1}$$

响应系统:

$$\begin{cases}\dot{y}_1(t)=\boldsymbol{H}_1(\boldsymbol{y}(t))\phi_1+h_1(\boldsymbol{y}(t))+u_1(t)\\ \dot{y}_2(t)=\boldsymbol{H}_2(\boldsymbol{y}(t))\phi_2+h_2(\boldsymbol{y}(t))+u_2(t)\\ \vdots\\ \dot{y}_n(t)=\boldsymbol{H}_n(\boldsymbol{y}(t))\phi_n+h_n(y(t))+u_n(t)\end{cases}\tag{3-2}$$

其中,向量 $x(t)=[x_1(t),x_2(t),\cdots,x_n(t)]^{\mathrm{T}}$ 和 $y(t)=[y_1(t),y_2(t),\cdots,$

$y_n(t)]^{\mathrm{T}}\in\mathbb{R}^n$ 分别表示驱动系统和响应系统的状态，$f_i(\boldsymbol{x}(t))$ 和 $h_i(\boldsymbol{y}(t))$ 均为连续的非线性函数，向量 $\boldsymbol{F}_i(\boldsymbol{x}(t))$ 与 $\boldsymbol{H}_i(\boldsymbol{y}(t))$ 分别表示连续线性函数矩阵 $\boldsymbol{F}(\boldsymbol{x}(t))$ 与 $\boldsymbol{H}(\boldsymbol{y}(t))$ 的第 i 行，向量 $\boldsymbol{\theta}=[\theta_1,\theta_2,\cdots,\theta_n]^{\mathrm{T}}$ 及 $\boldsymbol{\phi}=[\phi_1,\phi_2,\cdots,\phi_n]^{\mathrm{T}}$ 代表未知的参数向量，向量 $\boldsymbol{u}(t)=[u_1(t),u_2(t),\cdots,u_n(t)]^{\mathrm{T}}$ 表示响应系统的控制输入。

假设 3.1 未知参数向量 $\boldsymbol{\theta}$ 和 ϕ 都是范数有界的，即存在两个已知的常数 $\bar{\theta}\geqslant 0$ 和 $\bar{\phi}\geqslant 0$，使得

$$\|\boldsymbol{\theta}\|\leqslant\bar{\theta},\ \|\phi\|\leqslant\bar{\phi}$$

其中，$\|\cdot\|$ 代表向量的 2 - 范数。

引理 3.1[39] 设连续正定函数 $V(t)$ 满足下述不等式

$$\dot{V}(t)\leqslant -b_1V^{\rho}(t)-b_2V(t),\ t\geqslant t_0,\ V(t_0)\geqslant 0$$

其中，$b_1>0$，$b_2>0$ 以及 $0<\rho<1$ 都是已知常数。

那么，若

$$V^{1-\rho}(t_0)\leqslant\frac{b_1}{b_2}$$

则存在有界正常数 T，使得

$$V(t)\leqslant\exp(b_2(t-t_0))\left[V^{1-\rho}(t_0)+\frac{b_1}{b_2}-\frac{b_1}{b_2}\mathrm{e}^{-b_2(1-\rho)(t-t_0)}\right]^{1/(1-\rho)}\qquad(t_0\leqslant t<T)$$

$$V(t)=0\qquad(t\geqslant T)$$

并且

$$T=t_0+\frac{1}{b_2(1-\rho)}\ln\left(1+\frac{b_2V^{1-\rho}(t_0)}{b_1}\right)$$

引理 3.2[40] 设 $a_1,a_2,\cdots,a_n$ 和 $0<\vartheta<2$ 均为实数，则下列不等式成立

$$|a_1|^{\vartheta}+|a_2|^{\vartheta}+\cdots+|a_n|^{\vartheta}\geqslant(a_1^2+a_2^2+\cdots+a_n^2)^{\frac{\vartheta}{2}}$$

定义 3.1 称驱动系统(3-1)和响应系统(3-2)实现了带有指定衰减度的修正函数投影滞后同步，如果存在一个时滞 $\tau>0$、一个缩放比例函数矩阵 $\boldsymbol{\Lambda}(t)$ 和一个非负常数 ϖ，使得

$$\lim_{t\to\infty}\|\exp(\varpi t)[\boldsymbol{x}(t-\tau)-\boldsymbol{\Lambda}(t)\boldsymbol{y}(t)]\|=0$$

或

$$\lim_{t\to\infty}|\exp(\varpi t)[x_i(t-\tau)-\boldsymbol{\lambda}_i(t)y_i(t)]|=0$$

其中，$\boldsymbol{\Lambda}(t)=\mathrm{diag}\{\boldsymbol{\lambda}_1(t),\boldsymbol{\lambda}_2(t),\cdots,\boldsymbol{\lambda}_n(t)\}$ 是可逆的对角函数矩阵，并且它的每

个元素都是有界且连续可微的非零函数。确定常数$\varpi \geqslant 0$称为衰减度。

定义 3.2 如果存在常数$T>0$,使得

$$\begin{cases}\lim\limits_{t\to T-}\|\exp(\varpi t)[\boldsymbol{x}(t-\tau)-\boldsymbol{\Lambda}(t)\boldsymbol{y}(t)]\|=0, t<T\\ \|\exp(\varpi t)[\boldsymbol{x}(t-\tau)-\boldsymbol{\Lambda}(t)\boldsymbol{y}(t)]\|=0, t\geqslant T\end{cases} \tag{3-3}$$

或者

$$\begin{cases}\lim\limits_{t\to T-}|\exp(\varpi t)[x_i(t-\tau)-\lambda_i(t)y_i(t)]|=0, t<T\\ |\exp(\varpi t)[x_i(t-\tau)-\lambda_i(t)y_i(t)]|=0, t\geqslant T\end{cases} \tag{3-4}$$

其中,$i=1,2,\cdots,n$。

那么,称驱动系统(3-1)和响应系统(3-2)可以在有限时间内实现带有指定衰减度ϖ的修正函数投影滞后同步。

本章的主要目的是设计一种合适的同步控制方案,使混沌系统(3-1)和(3-1)实现定义3.2中给出有限时间同步。

因为两个混沌系统之间的有限时间同步问题等价于对应的误差系统的有限时间稳定问题,所以有必要定义它们之间的常规修正函数投影滞后同步误差向量

$$\boldsymbol{e}(t)=\boldsymbol{x}(t-\tau)-\boldsymbol{\Lambda}(t)\boldsymbol{y}(t)$$

以及带有指定衰减度ϖ的广义修正函数投影滞后同步误差向量

$$\boldsymbol{z}(t)=\exp(\varpi t)\boldsymbol{e}(t)$$

相应地,上述两种误差向量的分量分别为

$$e_i(t)=x_i(t-\tau)-\lambda_i(t)y_i(t),\ i=1,2,\cdots,n \tag{3-5}$$

和

$$z_i(t)=\exp(\varpi t)e_i(t),\ i=1,2,\cdots,n$$

注 3.2 通过给常规同步误差$\boldsymbol{e}(t)$乘上一个具有非负幂的指数函数$\exp(\varpi t)$,得到一个广义同步误差$z(t)=\exp(\varpi t)\boldsymbol{e}(t)$。易知$\|\boldsymbol{e}(t)\|=\exp(-\varpi t)\|z(t)\|$。由于衰减度$\varpi$是非负的,所以,若广义同步误差$z(t)$能在有限时间内收敛到零,则常规同步误差$\boldsymbol{e}(t)$也必然在有限时间内收敛到零。

由于

$$\lim_{t\to\infty}\frac{\|\boldsymbol{e}(t)\|}{\|\boldsymbol{z}(t)\|}=\lim_{t\to\infty}\exp(-\varpi t)=0$$

这意味着$\|\boldsymbol{e}(t)\|$是$\|\boldsymbol{z}(t)\|$的一个高阶无穷小,即$\|\boldsymbol{e}(t)\|$比$\|\boldsymbol{z}(t)\|$趋近于零的速度更快。而且,随着衰减度ϖ的增加,$\|\boldsymbol{e}(t)\|$的收敛速度也随之

增加。此外，因为 $\|\boldsymbol{e}(t)\|$ 与 $\|\boldsymbol{z}(t)\|$ 的比值 ϖ 是随着时间 t 的增大而增大的，所以，在同步保持阶段，常规同步误差的精度会越来越高。

注 3.2 如表 3.1 所列，本章设计的具有指定衰减度的同步方案更具有普遍性，它涵盖了很多现有的同步方案。当选择不同的参数时，该方案将退化为其他不同的同步方案。在该表中，$\boldsymbol{I}$ 表示 $n \times n$ 的单位矩阵，$\boldsymbol{\Lambda} = \mathrm{diag}\{\lambda_1, \lambda_2, \cdots, \lambda_n\}$。

表 3.1 本章同步方案与其他同步方案的比较

	参数取值	同步名称	数学模型
		带有指定衰减度的修正函数投影滞后同步	$z(t) = \exp(\varpi t)[x(t-\tilde{\tau})\Lambda(t)y(t)]$
情况 1	$\varpi = 0$	修正函数投影滞后同步	$e(t) = x(t-\tilde{\tau}) - \Lambda(t)y(t)$
情况 2	$\varpi = 0, \tilde{\tau} = 0$	修正函数投影同步	$e(t) = x(t) - \Lambda(t)y(t)$
情况 2	$\varpi = 0, \tilde{\tau} = 0,$ $\lambda_1 = \lambda_2 = \cdots = \lambda_n$	函数投影同步	$e(t) = x(t) - \Lambda(t)y(t)$
情况 3	$\varpi = 0, \tilde{\tau} = 0, \Lambda(t) = \Lambda$	相位同步	$e(t) = z(t) - \Lambda y(t)$
情况 4	$\varpi = 0, \tilde{\tau} = 0, \Lambda(t) = I$	完全同步	$e(t) = x(t) - y(t)$
情况 5	$\varpi = 0, \tilde{\tau} = 0, \Lambda(t) = -I$	反同步	$e(t) = x(t) + y(t)$

结合式(3-1)、式(3-2)和式(3-5)，可以得到下面的动态误差方程：

$$
\begin{aligned}
\dot{\boldsymbol{e}}_i(t) &= \dot{x}_i(t-\boldsymbol{\tau}) - \boldsymbol{\lambda}_i(t)\dot{y}_i(t) - \dot{\boldsymbol{\lambda}}_i(t)y_i(t) \\
&= [f_i(\boldsymbol{x}(t-\boldsymbol{\tau})) - \boldsymbol{\lambda}_i(t)h_i(y(t)) - \dot{\boldsymbol{\lambda}}_i(t)y_i(t)] \\
&\quad + [\boldsymbol{F}_i(x(t-\boldsymbol{\tau}))\boldsymbol{\theta} - \boldsymbol{\lambda}_i(t)\boldsymbol{H}_i(y(t))\boldsymbol{\phi}] - \boldsymbol{\lambda}_i(t)u_i(t)
\end{aligned}
$$

进而可得广义误差的动态方程：

$$
\begin{aligned}
\dot{z}_i(t) &= \exp(\varpi t)\dot{e}_i(t) + \varpi\exp(\varpi t)e_i(t) \\
&= \exp(\varpi t)[\dot{e}_i(t) + \varpi e_i(t)] \\
&= \exp(\varpi t)[\boldsymbol{F}_i(\boldsymbol{x}(t-\boldsymbol{\tau}))\boldsymbol{\theta} - \lambda_i(t)\boldsymbol{H}_i(\boldsymbol{y}(t))\boldsymbol{\phi} + \Omega_i] - \bar{u}_i(t)
\end{aligned} \tag{3-6}
$$

其中

$$
\begin{aligned}
\Omega_i &= f_i(\boldsymbol{x}(t-\boldsymbol{\tau})) - \boldsymbol{\lambda}_i(t)h_i(\boldsymbol{y}(t)) - \dot{\boldsymbol{\lambda}}_i(t)y_i(t) + \\
&\quad \varpi[\boldsymbol{x}(t-\boldsymbol{\tau}) - \boldsymbol{\lambda}_i(t)\boldsymbol{y}(t)], \bar{u}_i(t) = \exp(\varpi t)\boldsymbol{\lambda}_i(t)u_i(t)
\end{aligned}
$$

3.3 两阶段有限时间同步控制方案的设计

借助滑模变结构控制技术，本章的有限时间同步控制方案可以通过两个阶段来实现：首先，针对广义同步误差系统，构造一个终端滑模面，保证滑动模态可以在有限时间内稳定到零。然后，设计一个有限时间自适应到达控制律，使得广义同步误差系统在克服干扰的同时，其状态轨迹能够在有限时间内到达并一直保持在滑模面上。

3.3.1 滑动模态阶段

针对广义误差系统，设计一个新的非奇异积分型终端滑模面，

$$s_i(t) = c_{i0}z_i(t) + \int_0^t (c_{i1}z_i(\sigma) + c_{i2}\mathrm{sign}(z_i(\sigma))\,|z_i(\sigma)|^{2-\alpha_i} + c_{i3}\mathrm{sign}(z_i(\sigma))\,|z_i(\sigma)|^{\alpha_i})\mathrm{d}\sigma \tag{3-7}$$

其中，常数 $0<\alpha_i<1, c_{iv}>0,\ v=0,1,2,3, i=1,2,\cdots,n$。

注 3.3 和下面这个当前比较流行的终端滑模面

$$s_i(t) = c_i z_i(t) + \int_0^t \mathrm{sign}(z_i(\sigma))\,|z_i(\sigma)|^{\alpha_i}\mathrm{d}\sigma$$

相比，本章设计的滑模面(3-8)具有以下优点：

该滑模面是多幂次的，由于 $1<2-\alpha_i<2, 0<\alpha_i<1$，因此，当 $|z_i(t)|$ 的值比较大时，滑模面函数中 $c_{i1}z_i + c_{i2}\mathrm{sign}(z_i))\,|z_i|^{2-\alpha_i}$ 在保证快速收敛速度方面起着主导作用；当 $|z_i(t)|$ 的值比较小时，滑模面函数中 $c_{i3}\mathrm{sign}(z_i))\,|z_i|^{\alpha_i}$ 在保证有限时间收敛方面起着决定作用，从而保证了系统在整个滑模运动阶段都有较快的收敛速度和较好的稳态性能。

根据滑模变结构控制理论可知，滑动模态存在的充分必要条件是

$$s_i(t) = \dot{s}_i(t) = 0,\ i=1,2,\cdots,n$$

通过上式，可以求得滑动模态的动态方程：

$$\dot{z}_i(t) = -\frac{1}{c_{i0}}(c_{i1}z_i(t) + c_{i2}\mathrm{sign}(z_i(t))\,|z_i(t)|^{2-\alpha_i} + c_{i3}\mathrm{sign}(z_i(t))\,|z_i(t)|^{\alpha_i}) \tag{3-8}$$

其中，$i=1,2,\cdots,n$。

定理 3.1 滑动模态(3-9)是有限时间稳定的，即它的状态轨迹 $z(t)$ 可以在由下式定义的有限时间 T_1 内收敛到零，且

$$T_1 = \max\{T_{11}, T_{12}, \cdots, T_{1n}\} \tag{3-9}$$

其中

$$T_{1i} = \frac{1}{\bar{b}_{i2}(1-\bar{\rho}_i)}\ln\left(1 + \frac{\bar{b}_{i2}V^{1-\bar{\rho}_i}(z_i(0))}{\bar{b}_{i1}}\right),\ i=1,2,\cdots,n \tag{3-10}$$

且

$$\bar{b}_{i1}=\frac{2^{\frac{1+\alpha_i}{2}}c_{i3}}{c_{i0}},\bar{b}_{i2}=\frac{2c_{i1}}{c_{i0}},\bar{\rho}_i=\frac{1+\alpha_i}{2}$$

证明:选取下述 Lyapunov 函数

$$V_{1i}(t)=\frac{1}{2}z_i^{\ 2}(t),\ i=1,2,\cdots,n$$

对函数 $V_{1i}(t)$ 沿着滑动模态(3-9)关于时间变量 t 求导,可得

$$\begin{aligned}
\dot{V}_{1i}(t)&=z_i(t)\dot{z}_i(t)\\
&=-\frac{1}{c_{i0}}(c_{i1}(^z_i(t))2+c_{i2}|z_i(t)|^{3-\alpha_i}+c_{i3}|z_i(t)|^{1+\alpha_i})\\
&=-\frac{1}{c_{i0}}(2c_{i1}V_{1i}+2^{\frac{3-\alpha_i}{2}}c_{i2}(V_{1i})^{\frac{3-\alpha_i}{2}}+2^{\frac{1+\alpha_i}{2}}c_{i3}(V_{1i})^{\frac{1+\alpha_i}{2}})\\
&\leqslant-\frac{2c_{i1}}{c_{i0}}V_{1i}-\frac{2^{\frac{1+\alpha_i}{2}}c_{i3}}{c_{i0}}(V_{1i})^{\frac{1+\alpha_i}{2}}
\end{aligned}$$

根据引理 3.1 可知,在滑动模态阶段,广义同步误差的每个元素 $z_i(t)$ 分别会在由式(3-10)定义的有限时间 T_{1i} 内收敛到零。这意味着广义同步误差向量 $z(t)$ 能够在由式(3-9)定义的有限时间 T_1 内收敛到零。

证毕。

3.3.2 滑模到达阶段(Sliding mode reaching phase)

现在,满意的终端滑模面已经建立。为了保证广义同步误差系统在有限时间内到达并一直保持在滑模面上,设计如下的滑模到达控制器:

$$\begin{aligned}
u_i(t)=&\frac{1}{\exp(\varpi t)\lambda_i(t)}\Big\{\frac{1}{c_{i0}}[c_{i1}z_i+c_{i2}\mathrm{sign}(z_i)|z_i|^{2-\alpha_i}+c_{i3}\mathrm{sign}(z_i)|z_i|^{\alpha_i}]\\
&+k_is_i+\eta_is_i^{\frac{q}{p}}+\exp(\varpi t)[\boldsymbol{F}_i(\boldsymbol{x}(t-\tau))\hat{\theta}-\lambda_i(t)\boldsymbol{H}_i(\boldsymbol{y}(t))\hat{\phi}+\Omega_i]\\
&+\frac{\Xi\Delta_i}{c_{i0}}\Big\}
\end{aligned}\tag{3-11}$$

该控制器中

$$\begin{aligned}
\Xi=&\zeta_1[(\|\hat{\phi}\|+\bar{\phi})^2+(\|\hat{\boldsymbol{\theta}}\|+\bar{\boldsymbol{\theta}})^2]+\zeta_2[(\|\hat{\phi}\|+\bar{\phi})^{\frac{p+q}{p}}\\
&+(\|\hat{\boldsymbol{\theta}}\|+\bar{\boldsymbol{\theta}})^{\frac{p+q}{p}}]
\end{aligned}$$

$$\boldsymbol{\Delta}_i=\begin{cases}\dfrac{s_i}{\|s\|^2}, & \|s\|>0\\ 0, & \|s\|=0\end{cases}$$

其中,$i=1,2,\cdots,n$,常数 $\zeta_1>0,\zeta_2>0$, $k_i>0$ 以及 $\eta_i>0$ 均为控制增益,它们可以根据同步问题的需求进行设计。$\hat{\boldsymbol{\theta}}$ 和 $\hat{\phi}$ 分别表示未知参数 $\boldsymbol{\theta}$ 和 ϕ 的估计值,$\boldsymbol{\varphi}=[c_{10}s_1,c_{20}s_2,\cdots,c_{n0}s_n]^{\mathrm{T}}$,$p$ 和 q 是一对互质的正整数,它们满足 $p>q$,且

为了实现未知参数的准确跟踪,设计如下的参数自适应律,即

$$\dot{\hat{\boldsymbol{\theta}}}=\exp(\varpi t)\boldsymbol{F}^{\mathrm{T}}(x(t-\tau))\boldsymbol{\varphi},\hat{\boldsymbol{\theta}}(0)=\hat{\boldsymbol{\theta}}_0 \tag{3-12}$$

$$\dot{\hat{\phi}}=\exp(\varpi t)[-\boldsymbol{\Lambda}(t)\boldsymbol{H}(y(t))]^{\mathrm{T}}\varphi,\hat{\phi}(0)=\hat{\phi}_0 \tag{3-13}$$

定理 3.2 在滑模到达控制器(3-11)和参数自适应律(3-12)、(3-13)的共同作用下,广义同步误差 $z_i(t)$ 将在有限时间内到达滑模面 $s_i(t)=0$ 然后一直保持在上面,滑模到达时间 T_2 通过有下面的等式来确定

$$T_2=\frac{1}{b_2^*(1-\rho^*)}\ln\left(1+\frac{b_2^*}{b_1^*}V^{1-\rho^*}(0)\right) \tag{3-14}$$

其中,$i=1,2,\cdots,n$, $\gamma_1=\min\{\mu_1,\zeta_1\}$,$\gamma_2=\min\{\mu_2,\zeta_2\}$,$\mu_1=\min\{c_{10}k_1,c_{20}k_2\}$,$\mu_2=\min\{c_{10}\eta_1,c_{20}\eta_2,\cdots,c_{n0}\eta_n\}$,$b_1^*=2^{\frac{p+q}{2p}}\gamma_2$, $b_2^*=2\gamma_1$, $\rho^*=\dfrac{p+q}{2p}$。

证明:构造如下正定的 Lyapunov 函数

$$V_2(t)=V_{21}(t)+V_{22}(t)$$

其中

$$V_{21}(t)=\frac{1}{2}\|\boldsymbol{s}(t)\|^2$$

$$V_{22}(t)=\frac{1}{2}(\|\hat{\phi}-\phi\|^2+\|\hat{\boldsymbol{\theta}}-\boldsymbol{\theta}\|^2)$$

对函数 $V_{21}(t)$ 求导,得

$$\begin{aligned}\dot{V}_{21}(t)&=s^T(t)\dot{s}(t)=\sum_{i=1}^{n}s_i(t)\dot{s}_i(t)\\&=\sum_{i=1}^{n}s_i(t)[c_{i0}\dot{z}_i(t)+c_{i1}z_i(t)+c_{i2}\mathrm{sign}(z_i(t))|z_i(t)|^{2-\alpha_i}\\&\quad+c_{i3}\mathrm{sign}(z_i(t))|z_i(t)|^{\alpha_i}]\end{aligned} \tag{3-15}$$

将广义误差系统的方程(3-6)代入式(3-15),并结合 $\mu_1=\min\{c_{10}k_1,c_{20}k_2,\cdots,c_{n0}k_n\}$ 和 $\mu_2=\min\{c_{10}\eta_1,c_{20}\eta_2,\cdots,c_{n0}\eta_n\}$,得

$$\begin{aligned}\dot{V}_{21}(t)&=\exp(\varpi t)\sum_{i=1}^{n}c_{i0}s_i(t)\boldsymbol{F}_i(\boldsymbol{x}(t-\tau))(\boldsymbol{\theta}-\hat{\boldsymbol{\theta}})+\exp(\varpi t)\sum_{i=1}^{n}c_{i0}s_i(t)\\&\quad[-\lambda_i(t)\cdot\boldsymbol{H}_i(y(t))(\phi-\hat{\phi})]-\sum_{i=1}^{n}c_{i0}k_is_i^2(t)-\sum_{i=1}^{n}c_{i0}\eta_is_i^{\frac{p+q}{p}}(t)\end{aligned}$$

$$
\begin{aligned}
&-\sum_{i=1}^{n}\left(c_{i0}s_i(t)\cdot\frac{\Xi s_i(t)}{c_{i0}\|s(t)\|^2}\right)\\
&=\exp(\varpi t)(\boldsymbol{\theta}-\hat{\boldsymbol{\theta}})^{\mathrm{T}}\boldsymbol{F}^{\mathrm{T}}(\boldsymbol{x}(t-\tau))\boldsymbol{\varphi}+\exp(\varpi t)(\phi-\hat{\phi})^{\mathrm{T}}\\
&\quad[-\boldsymbol{\Lambda}(t)\boldsymbol{H}(\boldsymbol{y}(t))]^{\mathrm{T}}\cdot\boldsymbol{\varphi}-\sum_{i=1}^{n}c_{i0}k_is_i^2(t)-\sum_{i=1}^{n}c_{i0}\eta_is_i^{\frac{p+q}{p}}(t)-\Xi\\
&\leqslant\exp(\varpi t)(\boldsymbol{\theta}-\hat{\boldsymbol{\theta}})^{\mathrm{T}}\boldsymbol{F}^{\mathrm{T}}(\boldsymbol{x}(t-\tau))\varphi+\exp(\varpi t)(\phi-\hat{\phi})^{\mathrm{T}}\\
&\quad[-\boldsymbol{\Lambda}(t)\boldsymbol{H}(\boldsymbol{y}(t))]^{\mathrm{T}}\cdot\boldsymbol{\varphi}-\mu_1\sum_{i=1}^{n}s_i^2(t)-\mu_2\sum_{i=1}^{n}s_i^{\frac{p+q}{p}}(t)-\Xi
\end{aligned}
$$

同时,对 $V_{22}(t)$ 求导,并利用参数自适应律(3－12)、(3－13)可得

$$
\begin{aligned}
\dot{V}_{22}(t)&=(\hat{\boldsymbol{\theta}}-\boldsymbol{\theta})^{\mathrm{T}}\dot{\hat{\theta}}+(\hat{\phi}-\phi)^{\mathrm{T}}\dot{\hat{\phi}}\\
&=\exp(\varpi t)(\hat{\boldsymbol{\theta}}-\boldsymbol{\theta})^{\mathrm{T}}\boldsymbol{F}^{\mathrm{T}}(\boldsymbol{x}(t-\tau))\boldsymbol{\varphi}+\exp(\varpi t)(\hat{\phi}-\phi)^{\mathrm{T}}\\
&\quad\cdot[-\boldsymbol{\Lambda}(t)\boldsymbol{H}(\boldsymbol{y}(t))]^{\mathrm{T}}\boldsymbol{\varphi}
\end{aligned}\tag{3-16}
$$

综合式(3－12)和式(3－12),并结合 $\gamma_1=\min\{\mu_1,\zeta_1\}$, $\gamma_2=\min\{\mu_2,\zeta_2\}$,可以推导出

$$
\begin{aligned}
\dot{V}_2(t)&=\dot{V}_{21}(t)+\dot{V}_{22}(t)\leqslant-\mu_1\sum_{i=1}^{n}s_i^2(t)-\mu_2\sum_{i=1}^{n}s_i^{\frac{p+q}{p}}(t)-\Xi\\
&\leqslant-\gamma_1\Big[\sum_{i=1}^{n}s_i^2(t)+(\|\hat{\phi}\|+\bar{\phi})^2+(\|\hat{\boldsymbol{\theta}}\|+\bar{\theta})^2\Big]\\
&\quad-\gamma_2\Big[\sum_{i=1}^{n}s_i^{\frac{p+q}{p}}(t)+(\|\hat{\phi}\|+\bar{\phi})^{\frac{p+q}{p}}+(\|\hat{\boldsymbol{\theta}}\|+\bar{\theta})^{\frac{p+q}{p}}\Big]\\
&\leqslant-\gamma_1\Big[\sum_{i=1}^{n}s_i^2(t)+\|\hat{\phi}-\phi\|^2+\|\hat{\boldsymbol{\theta}}-\boldsymbol{\theta}\|^2\Big]\\
&\quad-\gamma_2\Big[\sum_{i=1}^{n}s_i^{\frac{p+q}{p}}(t)+\|\hat{\phi}-\phi\|^{\frac{p+q}{p}}+\|\hat{\boldsymbol{\theta}}-\boldsymbol{\theta}\|^{\frac{p+q}{p}}\Big]
\end{aligned}
$$

利用引理 3.2 可得

$$
\begin{aligned}
\dot{V}_2(t)&\leqslant-\gamma_1\Big[\sum_{i=1}^{n}s_i^2(t)+\|\hat{\phi}-\phi\|^2+\|\hat{\boldsymbol{\theta}}-\boldsymbol{\theta}\|^2\Big]\\
&\quad-\gamma_2\Big[\sum_{i=1}^{n}s_i^2(t)+\|\hat{\phi}-\phi\|^2+\|\hat{\boldsymbol{\theta}}-\boldsymbol{\theta}\|^2\Big]^{\frac{p+q}{2p}}\\
&=-2\gamma_1V_2(t)-2^{\frac{p+q}{2p}}\gamma_2V_2^{\frac{p+q}{2p}}(t)
\end{aligned}
$$

根据引理 3.1 可知,误差 $z_i(t)$ 的轨迹将在有限时间 T_2 内到达滑模面 $s_i(t)=0$ 并且一直保持在上面,$i=1,2,\cdots,n$。

证毕。

注 3.4 结合定理 3.1 和定理 3.2 的结果可知，在自适应控制律(3-11)~(3-13)的作用下，广义误差系统能够在有限时间 T_1+T_2 内收敛到零，即混沌系统(3-1)和(3-2)能够在有限时间 T_1+T_2 实现带有指定衰减度ϖ的修正函数投影滞后同步。根据两种同步误差 $z_i(t)$ 和 $e_i(t)$ 之间的关系可知，混沌系统(3-1)和(3-2)可以在比 T_1+T_2 更短的时间内实现常规 MFPLS，从而进一步提高了混沌同步速度和同步精度。

注 3.5 在实际应用中，为了避免出现奇异，控制器(3-11)中的 Δ_i 通常被改进为

$$\frac{s_i}{\|s\|^2+\epsilon}$$

或者

$$\Delta_i=\begin{cases}\dfrac{s_i}{\|s\|^2}, & \|s\|^2\geqslant\delta\\ 0, & \|s\|^2<\delta\end{cases}$$

其中，切换增益 ϵ 和 δ 都是足够小的正常数，它们可根据实际问题中对同步精度的要求而预先设定。该方法目前被广泛应用于处理有限时间控制或滑模控制问题。

3.4 数值仿真

本节，将通过具体的数值模拟实验来验证上述理论分析的合理性及控制方案的有效性。

在仿真实验中，含有未知参数的 Liü 混沌系统被选作驱动系统：

$$\begin{pmatrix}\dot{x}_1\\ \dot{x}_2\\ \dot{x}_3\end{pmatrix}=\underbrace{\begin{pmatrix}0\\ -x_1x_3\\ 4x_1^2\end{pmatrix}}_{f(x(t))}+\underbrace{\begin{pmatrix}x_2-x_1 & 0 & 0\\ 0 & x_1 & 0\\ 0 & 0 & -x_3\end{pmatrix}}_{F(x(t))}\underbrace{\begin{pmatrix}10\\ 40\\ 2.5\end{pmatrix}}_{\theta}$$

与其对应，参数未知的 Lü 混沌系统被选作响应系统：

$$\begin{pmatrix}\dot{y}_1\\ \dot{y}_2\\ \dot{y}_3\end{pmatrix}=\underbrace{\begin{pmatrix}0\\ -y_1y_3\\ y_1y_2\end{pmatrix}}_{h(y(t))}+\underbrace{\begin{pmatrix}y_2-y_1 & 0 & 0\\ 0 & y_2 & 0\\ 0 & 0 & -y_3\end{pmatrix}}_{H(y(t))}\underbrace{\begin{pmatrix}36\\ 20\\ 3\end{pmatrix}}_{\phi}+\underbrace{\begin{pmatrix}u_1(t)\\ u_2(t)\\ u_3(t)\end{pmatrix}}_{u(t)}.$$

仿真过程中,两个混沌系统的初始状态分别为 $x(0)=[-2,3,4]^{\mathrm{T}}$ 和 $y(0)=[-5,6,4]^{\mathrm{T}}$, 同步时滞为 $\tau=1$, 根据定理 3.1 和定理 3.2 的结论,控制增益设计为 $\boldsymbol{k}=(25,25,25)$, $\boldsymbol{\eta}=(2,2,2)$, $c_{i0}=2$, $c_{i1}=10$, $c_{i2}=30$, $c_{i3}=50$, $\alpha_i=0.5$, $i=1,2,3$, $\zeta_1=0.006$, $\zeta_2=0.001$, $p=3$, $q=1$,控制器中的 Δ_i 按照注 3.5 来设计,其中,$\delta=0.01$。未知参数的上界取值为 $\bar{\theta}=\bar{\phi}=45$,指数衰减度设置为 $\varpi=1$, 缩放比例函数矩阵取值如下

$$\boldsymbol{\Lambda}(t)=\begin{pmatrix} 8+0.1\sin t & 0 & 0 \\ 0 & 10-0.3\sin t & 0 \\ 0 & 0 & 6+0.2\cos t \end{pmatrix}$$

仿真结果如图 3-1 ~ 图 3-5 所示。

图 3-1 表明,当指数衰减度 $\varpi=1$ 时,在本章设计的控制器的作用下, 广义误差系统的状态可以快速到达并保持在终端滑模面 $\boldsymbol{s}(t)=\mathbf{0}$ 上,即迅速产生滑动模态。图 3-2 表明,在滑模变结构控制机制的作用下,同步误差系统的状态 $\boldsymbol{e}(t)$ 可以在有限时间内收敛到零,从而实现驱动系统和相应系统的有限时间指定衰减度同步。

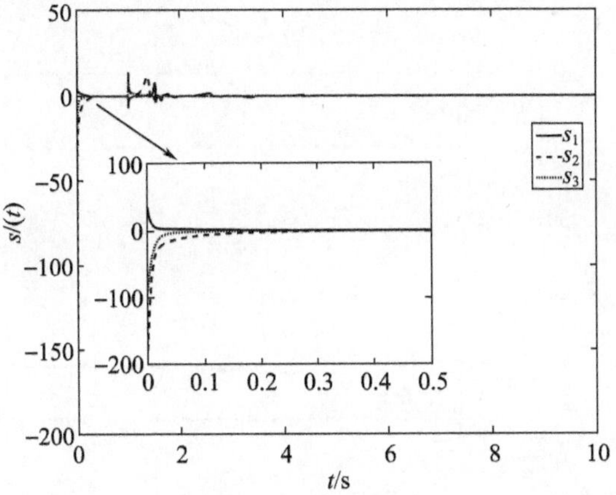

图 3-1 $\varpi=1$ 时滑模函数 $\boldsymbol{s}(t)$ 的时间响应曲线

通过图 3-3 和 3-4 可以看出,在本章设计的自适应控制律作用下,系统中的未知参数向量 $\boldsymbol{\theta}$ 和 ϕ 都可以被精确的跟踪。

当指数衰减度取值 $\varpi=0$ 时,可得 $z_i(t)=e_i(t)$,此时,广义误差和常规误差是相同的,如图 3-6 所示。图 3-5 和图 3-6 表明, 在该同步控制方案作用下, 广义同步误差 $z_i(t)$ 和常规同步误差 $e_i(t)$ 也能够在有限时间内快速收敛到零。

将图3-5、3-6与图3-1、图3-2进行比较，结果表明，引入指数衰减度后，同步误差 $e_i(t)$ 的收敛速度得到了进一步的提高。尤其是在同步保持阶段，当 $\varpi=0$ 时，系统同步误差 $|e_i(t)|\leqslant 0.4$，而当 $\varpi=1$ 时，$|e_i(t)|\leqslant 4\times 10^{-3}$，可见，引入指数衰减度后，同步误差的精度显著提高。

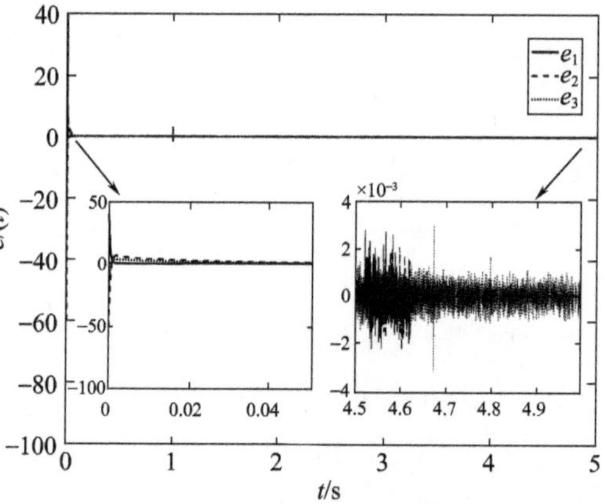

图3-2　$\varpi=1$ 时同步误差 $\boldsymbol{e}(t)$ 的状态轨迹

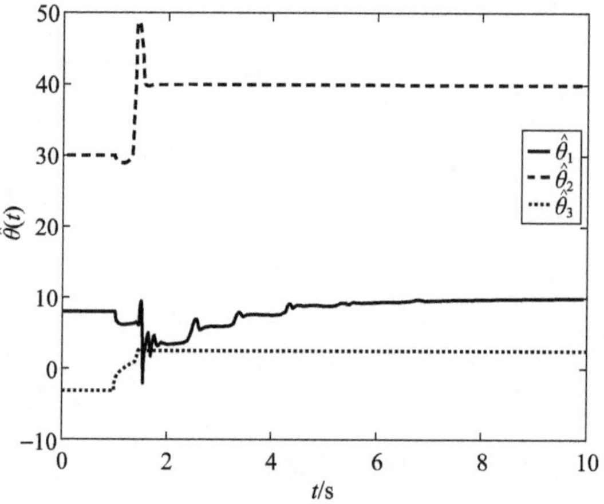

图3-3　参数向量 $\boldsymbol{\theta}$ 的估计值 $\hat{\boldsymbol{\theta}}$ 的时间响应曲线

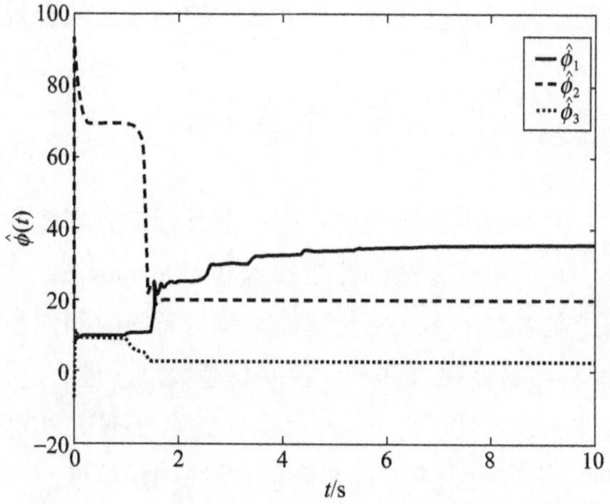

图 3－4 参数向量 ϕ 的估计值 $\hat{\phi}$ 的时间响应曲线

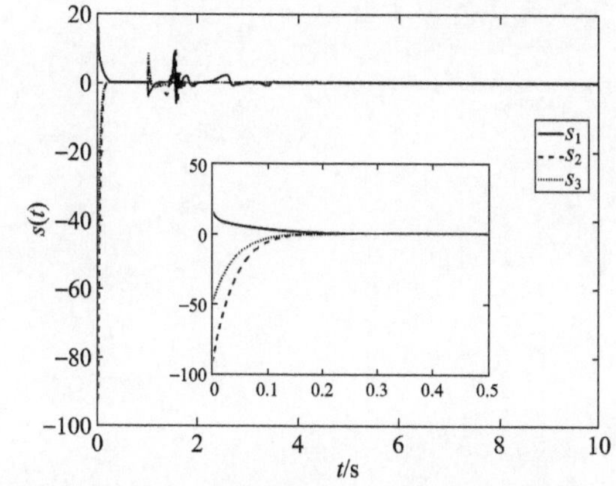

图 3－5 $\varpi=1$ 时滑模函数 $\boldsymbol{s}(t)$ 的时间响应曲线

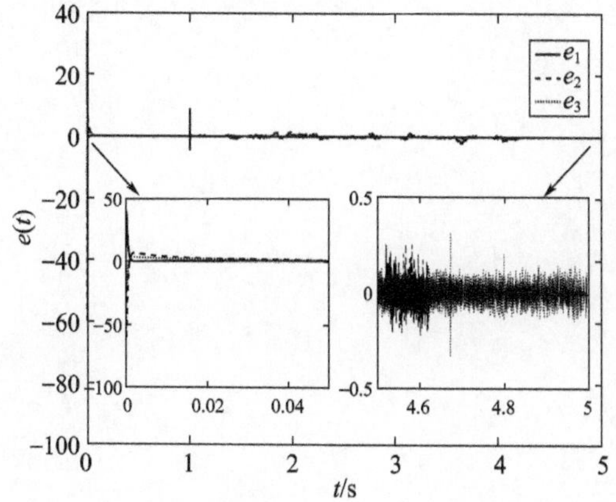

图 3－6 $\varpi=0$ 时时同步误差 $\boldsymbol{e}(t)$ 的状态轨迹

仿真结果表明了本章所设计的同步方案和控制方法的有效性和先进性。

3.5 本章小结

本章研究了一类参数不确定混沌系统的带有指定衰减度的有限时间修正函数滞后同步问题。利用滑模变结构控制技术和Lyapunov稳定性理论,设计了一种自适应变结构控制方案来实现两个混沌系统的有限时间同步。设计的同步方案具有收敛速度快、稳健性强、抖振小、精度高等优点。最后,通过数值模拟验证了该方案的正确性和有效性。此外,本章设计的衰减率也可用于处理其他稳定或同步问题,以进一步缩短稳定或同步时间,提高同步精度。

第四章 基于多个不确定混沌系统的有限时间自适应修正函数投影多滞后广义复合同步

当保密同步方案中涉及的混沌系统较多时,信号的隐藏通道就更多,通信方案的安全指数就更高。本章针对多个混沌系统,提出一种新的同步方法:多滞后修正函数投影广义复合同步。该方法的第一个优势是,在组合同步基础上,定义了一种新的向量乘积运算,并将这种乘积运算引入到混沌同步方案中,设计出了一种非线性复合同步方案,复合后的混系统拓扑结构更复杂,并且使得混沌流形的直径以乘方形式增大,当其应用到混沌同步通信过程中时,便于携带一些振幅较大的信号,另外,该方案中复合之后的驱动系统包含多个子混沌系统,可以为保密通信提供更多的保密信道,利用多址信道传输,不但可以增加可携带信号的数量,而且能够提高信号携带方式的灵活性,从而显著提升保密通信的安全性能。

4.1 引言

混沌同步问题由于其在保密通信、工程科学、生物系统等领域的潜在应用而受到越来越多的关注。混沌同步的主要思想就是设计适当的同步控制器,使得响应系统的状态渐近地跟踪驱动系统的状态。

以往的研究主要集中在同步误差系统的渐近稳定或指数稳定上,在实际应用中,特别是在工程领域,优化同步时间往往比实现渐近同步更为重要。为了实现快速同步,有限时间控制技术应运而生,该技术能够在有限时间内驱动被控系统到达设定目标。与渐近稳定控制相比,有限时间控制方法具有收敛速度快、稳健性好、抗干扰能力强、跟踪精度高等优点,因此,混沌系统的有限时间同步问题近年来也备受关注。

截至目前,已经陆续提出了不同的混沌同步方案,并取得了丰富的研究和应用成果,如完全同步(Complete Synchronization,CS-1)、反同步、滞后同步、间歇滞后同步、相位同步、广义同步、投影同步、修正投影同步、函数投影同步、时间尺度同步等。

近年来,由于具有较高的保密通信安全性,一种更通用的FPS称为修正函数投影同步引起了研究者的关注,在该同步方案中,驱动系统和响应系统通过一个期望的函数缩放矩阵达到同步。相对于普通的常数缩放矩阵,函数缩放矩阵因其比例因子具有时变性,增加了混沌同步方案的复杂程度,从而增强了通信过程中信号的破译难度。最近,学者们又将该混沌同步方案与滞后同步相结合,提出了修正函数投影滞后同步方法。

以往的同步方法只涉及一个驱动系统和一个响应系统。在实际应用中,通信安全水平取决于驱动动态系统的复杂程度和信号加载方案。如果驱动系统涉及更多的混沌子系统,各子系统之间的组合方式更加复杂,那么复合之后的驱动系统的几何拓扑流形也会变得更为复杂。此外,当驱动系统包含多个子系统时,通信过程中就可以将传输的信号分成多个部分,由不同的子系统来携载,从而可以进一步提高保密通信方案的抗攻击能力和抗破译能力。为了进一步提高保密通信中同步技术的安全性,Luo R. Z. 提出了一种由两个驱动系统和一个响应系统组成的组合同步方案(Combination Synchronization,CS - 2),该方案中的驱动系统是由两个维数相同的混沌系统的凸组合构成的[41]。在此基础上,Sun等通过添加另一个响应系统,将组合同步推广到包含四个混沌系统的组合 - 组合同步[42]。为了进一步提高同步保密通信方案的抗破解能力,Sun等首次引入乘法,提出了一种复合同步方案(Compound Synchronization,CS - 3),其中驱动系统是由两个混沌系统通过相乘得到的[43]。然而,遗憾的是,该文献所研究的混沌系统和控制器都是具体的,设计的控制方法不具有一般性。此外,该研究没有考虑同步延迟以及参数的不确定性。此外,在实际问题中,系统参数可能是部分未知的,甚至是完全未知的,这都会破坏系统的稳定性。自适应控制技术被认为是处理不确定性的有效方法[44]。

综上所述,如何将尚不成熟的复合同步与有限时间同步、滞后同步,以及自适应控制技术相结合,设计一种更为复杂的混沌同步方案,对保密通信来讲,是很有意义的。据我们所知,这个问题仍然是公开的,这激发了本章的工作。本章针对多个含有未知参数的不混沌系统,设计了一种有限时间自适应修正函数投影多滞后广义复合同步方案(Modified Function Projective Multiple - Lag Generalized Compound Synchronization,MFPMGCS)。

本章的其余部分设计思路如下。4.2节阐述待研究的系统模型,4.3节介绍一些基本定义和必要的引理,并在此基础上提出了本章所研究的同步问题,4.4节,基于 Lyapunov 稳定性理论,设计出一种自适应控制器来保证有限时间复合同步的同时实现未知参数的在线跟踪,4.5 节通过仿真实验来验证文中设计方案的有效性,4.6 节对本章进行简单总结。

与现有文献相比,本章提出的混沌同步方案具有以下几个优点。

首先,本章设计的修正函数投影多滞后广义复合同步更为普遍,更复杂,它包含了现有的绝大多数同步方法。

其次,本章设计的驱动系统是由多个混沌系统通过加、减运算和乘法运算复合而成,拓扑结构更为复杂,混沌路径更难识别。该方案涉及多个子系统,在保密通信的过程中,加密的信号可以分成若干部分,加载到不同的子系统中,具有更强的抗破译能力。此外,通过引入混沌系统的乘法,复合之后的混沌系统,其几何拓扑流形的直径变得更长,这意味着可以传输的信号种类更多。

4.2 系统描述

在驱动-响应型复合同步方案中,选取 $N_1+N_2+N_3$ 个不同的含有未知参数的混沌系统作为驱动系统,同时,选取一个含有未知参数的混沌系统作为响应系统。

第 l 个基础驱动系统(Base drive system)的数学模型为

$$\begin{cases}\dot{x}_1^l(t)=\boldsymbol{F}_1^l(x^l(t))\boldsymbol{\theta}^l+\boldsymbol{f}_1^l(\boldsymbol{x}^l(t))\\ \dot{x}_2^l(t)=\boldsymbol{F}_2^l(\boldsymbol{x}^l(t))\boldsymbol{\theta}^l+\boldsymbol{f}_2^l(\boldsymbol{x}^l(t))\\ \vdots\\ \dot{x}_n^l(t)=\boldsymbol{F}_n^l(\boldsymbol{x}^l(t))\boldsymbol{\theta}^l+\boldsymbol{f}_n^l(\boldsymbol{x}^l(t))\end{cases}\tag{4-1}$$

其中,$l=1,2,\cdots,N_1$。

第 m 个比例驱动系统(Scaling drive system)的数学模型为

$$\begin{cases}\dot{y}_1^m(t)=\boldsymbol{G}_1^m(y^m(t))\boldsymbol{\phi}^m+\boldsymbol{g}_1^m(\boldsymbol{y}^m(t))\\ \dot{y}_2^m(t)=\boldsymbol{G}_2^m(y^m(t))\boldsymbol{\phi}^m+\boldsymbol{g}_2^m(\boldsymbol{y}^m(t))\\ \vdots\\ \dot{y}_n^m(t)=\boldsymbol{G}_n^m(y^m(t))\boldsymbol{\phi}^m+\boldsymbol{g}_n^m(\boldsymbol{y}^m(t))\end{cases}\tag{4-2}$$

其中,$m=1,2,\cdots,N_2$。

第 j 个叠加驱动系统(Additive drive system)的数学模型为

$$\begin{cases} \dot{z}_1^j(t) = \boldsymbol{H}_1^j(z^j(t))\boldsymbol{\eta}^j + \boldsymbol{h}_1^j(z^j(t)) \\ \dot{z}_2^j(t) = \boldsymbol{H}_2^j(z^j(t))\boldsymbol{\eta}^j + \boldsymbol{h}_2^j(z^j(t)) \\ \vdots \\ \dot{z}_n^j(t) = \boldsymbol{H}_n^j(z^j(t))\boldsymbol{\eta}^j + \boldsymbol{h}_n^j(z^j(t)) \end{cases} \tag{4-3}$$

其中，$j=1,2,\cdots,N_3$。

响应系统的数学模型为

$$\begin{cases} \dot{w}_1(t) = \boldsymbol{R}_1(\boldsymbol{w}(t))\psi + \boldsymbol{r}_1(\boldsymbol{w}(t)) + u_1(t) \\ \dot{w}_2(t) = \boldsymbol{R}_2(\boldsymbol{w}(t))\psi + \boldsymbol{r}_2(\boldsymbol{w}(t)) + u_2(t) \\ \vdots \\ \dot{w}_n(t) = \boldsymbol{R}_n(\boldsymbol{w}(t))\psi + \boldsymbol{r}_n(\boldsymbol{w}(t)) + u_n(t) \end{cases} \tag{4-4}$$

其中，$\boldsymbol{x}^l = [x_1^l, x_2^l, \cdots, x_n^l]^{\mathrm{T}} \in \mathbb{R}^n$表示第 l 个基础驱动系统的状态向量，$\boldsymbol{y}^m = [y_1^m, y_2^m, \cdots, y_n^m]^{\mathrm{T}} \in \mathbb{R}^n$表示第 m 个比例驱动系统的状态向量，$\boldsymbol{z}^j = [z_1^j, z_2^j, \cdots, z_n^j]^{\mathrm{T}} \in \mathbb{R}^n$表示第 j 个叠加驱动系统的状态向量，$\boldsymbol{w} = [w_1, w_2, \cdots, w_n]^{\mathrm{T}} \in \mathbb{R}^n$表示响应系统的状态向量，$f_i^l(\boldsymbol{x}^l(t))$，$g_i^m(\boldsymbol{y}^m(t))$，$h_i^j(\boldsymbol{z}^j(t))$和 $\boldsymbol{r}_i(\boldsymbol{w}(t))$均为连续非线性函数，$\boldsymbol{F}_i^l(\boldsymbol{x}^l(t))$，$\boldsymbol{G}_i^m(\boldsymbol{y}^m(t))$和 $\boldsymbol{R}_i(\boldsymbol{w}(t))$分别表示连续的非线性函数矩阵 $\boldsymbol{F}^l(\boldsymbol{x}^l(t))$，$\boldsymbol{G}^m(\boldsymbol{y}^m(t))$，$\boldsymbol{H}^j(\boldsymbol{z}^j(t))$和 $\boldsymbol{R}(w(t))$的第 i 行，$\boldsymbol{\theta}^l = [\theta_1^l, \theta_2^l, \cdots, \theta_n^l]^{\mathrm{T}}$，$\varphi^m = [\varphi_1^m, \varphi_2^m, \cdots, \varphi_n^m]^{\mathrm{T}}$，$\boldsymbol{\eta} = [\eta_1^j, \eta_2^j, \cdots, \eta_n^j]^{\mathrm{T}}$ 和 $\psi = [\psi_1, \psi_2, \cdots, \psi_n]^{\mathrm{T}}$表示未知的参数向量，$\boldsymbol{u} = [u_1, u_2, \cdots, u_n]^{\mathrm{T}}$表示控制输入。

4.3 定义和引理

假设 4.1 假设未知参数 θ^l，ϕ^m，η^j 和 ψ 都是有界的，即存在非负常数 $\bar{\theta}^l$，$\bar{\phi}^m$，$\bar{\eta}^j$ 及 $\bar{\psi}$，使得

$$\|\theta^l\| \leqslant \bar{\theta}^l, \ \|\phi^m\| \leqslant \bar{\phi}^m, \ \|\eta^j\| \leqslant \bar{\eta}^j, \ \|\psi\| \leqslant \bar{\psi}$$

其中，$l=1,2,\cdots,N_1$，$m=1,2,\cdots,N_2$，$j=1,2,\cdots,N_3$，且 $\|\cdot\|$ 表示 2 - 范数。

引理 4.1[45] 设连续的正定函数 $V(t)$为某个动力系统的 Lyapunov 参数。如果 $V(t)$满足下面的不等式

$$\dot{V}(t) \leqslant -\alpha_1 V(t) - \alpha_2 V^{\rho}(t), \ t \geqslant 0, \ V(0) \geqslant 0$$

其中，$\alpha_1 > 0$，$\alpha_2 > 0$ 和 $0 < \rho < 1$ 均为常数。

那么，该动力系统将在有限时间 T 内快速实现稳定，并且

$$T=\frac{1}{\alpha_1(1-\rho)}\ln\left(1+\frac{\alpha_1 V^{1-\rho}(0)}{\alpha_2}\right)$$

为了便于讨论,引入以下符号

$$\boldsymbol{X}^l(t)=\mathrm{diag}\{x_1^l(t),x_2^l(t),\cdots,x_n^l(t)\}$$

$$\boldsymbol{Y}^m(t)=\mathrm{diag}\{y_1^m(t),y_2^m(t),\cdots,y_n^m(t)\}$$

$$\boldsymbol{Z}^j(t)=\mathrm{diag}\{z_1^j(t),z_2^j(t),\cdots,z_n^j(t)\}$$

$$\boldsymbol{W}(t)=\mathrm{diag}\{w_1(t),w_2(t),\cdots,w_n(t)\}$$

定义 4.1 称三组驱动系统(4-1)~(4-3)和响应系统(4-4)是修正函数投影多滞后广义复合同步的,如果存在 $N_1+N_2+N_3$ 个不同的常数时滞 τ^l, $\bar{\tau}^m$, $\tilde{\tau}^j$,以及 $N_1+N_2+N_3$ 个常值对角矩阵

$$\boldsymbol{A}^l=\mathrm{diag}\{a_1^l,a_2^l,\cdots,a_n^l\}$$

$$\boldsymbol{B}^m=\mathrm{diag}\{b_1^m,b_2^m,\cdots,b_n^m\}$$

$$\boldsymbol{C}^j=\mathrm{diag}\{c_1^j,c_2^j,\cdots,c_n^j\}$$

和一个函数值对角矩阵

$$\boldsymbol{\Lambda}(t)=\mathrm{diag}\{\lambda_1(t),\lambda_2(t),\cdots,\lambda_n(t)\}$$

使得

$$\lim_{t\to\infty}\left\|\left[\sum_{m=1}^{N_2}\boldsymbol{B}^m\boldsymbol{Y}^m(t-\bar{\tau}^m)\sum_{l=1}^{N_1}\boldsymbol{A}^l\boldsymbol{X}^l(t-\tau^l)+\sum_{j=1}^{N_3}\boldsymbol{C}^j\boldsymbol{Z}^j(t-\tilde{\tau}^j)-\boldsymbol{\Lambda}(t)\boldsymbol{W}(t)\right]\boldsymbol{\Gamma}\right\|=0$$

或

$$\lim_{t\to\infty}\left|\sum_{m=1}^{N_2}\sum_{l=1}^{N_1}b_i^m a_i^l x_i^l(t-\tau^l)y_i^m(t-\bar{\tau}^m)+\sum_{j=1}^{N_3}c^j z^j(t-\tilde{\tau}^j)-\lambda_i(t)w_i(t)\right|=0$$

其中,$\boldsymbol{\Lambda}(t)$是一个可逆的函数值矩阵,并且它的每个元素都是一个有界且连续可微的非零函数,$i=1,2,\cdots,n$。

这种新的同步方案的框架图由图 4.1 给出。

定义 4.2 称 $N_1+N_2+N_3$ 个驱动系统(4-1)~(4-3)和响应系统(4-4)是有限时间修正函数投影多滞后广义复合同步的,如果存在一个常数 $T>0$,使得

$$\lim_{t\to T_-}\left\|\left[\sum_{m=1}^{N_2}\boldsymbol{B}^m\boldsymbol{Y}^m(t-\bar{\tau}^m)\sum_{l=1}^{N_1}\boldsymbol{A}^l\boldsymbol{X}^l(t-\tau^l)+\sum_{j=1}^{N_3}\boldsymbol{C}^j\boldsymbol{Z}^j(t-\tilde{\tau}^j)-\boldsymbol{\Lambda}(t)\boldsymbol{W}(t)\right]\boldsymbol{\Gamma}\right\|=0 \tag{4-5}$$

并且对任意的 $t\geqslant T$,有

$$\left\|\left[\sum_{m=1}^{N_2}\boldsymbol{B}^m\boldsymbol{Y}^m(t-\bar{\tau}^m)\sum_{l=1}^{N_1}\boldsymbol{A}^l\boldsymbol{X}^l(t-\tau^l)+\sum_{j=1}^{N_3}\boldsymbol{C}^j\boldsymbol{Z}^j(t-\tilde{\tau}^j)-\boldsymbol{\Lambda}(t)\boldsymbol{W}(t)\right]\boldsymbol{\Gamma}\right\|\equiv 0$$

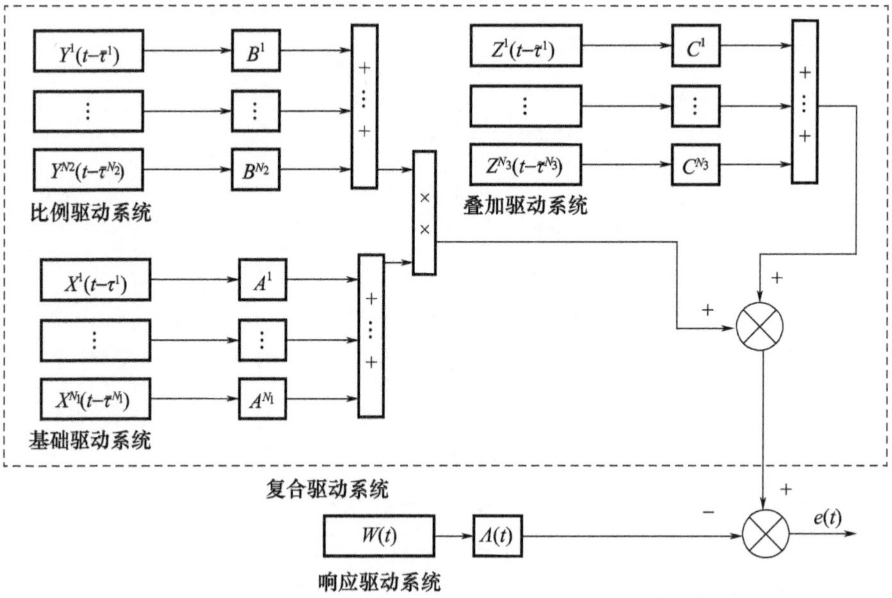

图 4.1 修正函数投影多滞后广义复合同步方案的框架图

显然，式 (4－5) 可等价表示为

$$\lim_{t\to T_-}\left|\sum_{m=1}^{N_2}\sum_{l=1}^{N_1} b_i^m a_i^l x_i^l(t-\tau^l)y_i^m(t-\bar{\tau}^m)+\sum_{j=1}^{N_3}c^j z^j(t-\tilde{\tau}^j)-\lambda_i(t)w_i(t)\right|=0$$

其中，$i=1,2,\cdots,n$ 。

注 4.1 如表 4.1 所列，本章提出的修正函数投影多滞后广义复合同步更复杂，也更具有一般性，它包含了现有的绝大多数混沌同步方案。通过选取不同的比例矩阵和同步时滞，该同步方案将转化为各种不同的同步方案，其中，$\boldsymbol{\Lambda}=\mathrm{diag}\{\lambda_1,\lambda_2,\cdots,\lambda_n\}$ 且 $\boldsymbol{I}$ 表示具有适当维数的单位矩阵。

表 4.1 混沌同步方案对比表

	参数取值	同步名称	数学模型
		修正函数投影多滞后广义复合同步	$e(t)=[\sum_{m=1}^{N_2}B^m Y^m(t-\bar{\tau}^m)\sum_{l=1}^{N_1}A^l X^l(t-\tau^1)+\sum_{j=1}^{N_3}C^j Z^j(t-\tilde{\tau}^j)-\Lambda(t)\cdot W(t)]\Gamma$
情况 1	$N_1=N_2=N_3=2$	一种简单的修正函数投影多滞后广义复合同步	$e(t)=\{[B^1Y^1(t-\bar{\tau}^1)+B^2Y^2(t-\bar{\tau}^2)]\cdot[A^1X^1(t-\tau^1)+A^2X^2(t-\tau^2)]+[C^1Z^1(t-\tilde{\tau}^1)+C^2Z^2(t-\tilde{\tau}^2)]-\Lambda(t)W(t)\Gamma$

续表

	参数取值	同步名称	数学模型
情况 2	$N_2=1, N_1=2, N_3=0$, $\bar{\tau}^1=\tau^1=0, \Lambda(t)=0$	复合同步	$e(t)=\{BY(t)[A^1X^1(t)+A^2X^2(t)]-\Lambda(t)W(t)\}\Gamma$
情况 3	$N_1=N_2=0, N_3=2$, $\tilde{\tau}^j=0, \Lambda(t)=0$	组合同步	$e(t)=C^1z^1(t)+C^2z^2(t)-\Lambda w(t)$
情况 4	$N_1=N_2=0$, $N_3=1, C^1=I$	修正函数投影滞后同步	$e(t)=z(t-\tilde{\tau}^1)-\Lambda(t)w(t)$
情况 5	$N_1=N_2=0, N_3=1$, $C^1=I, \tilde{\tau}^1=0$	修正函数投影同步	$e(t)=z(t)-\Lambda(t)w(t)$
情况 6	$N_1=N_2=0, N_3=1$, $C^1=I, \tilde{\tau}^1=0, \Lambda(t)=\Lambda$	投影同步	$e(t)=z(t)-\Lambda w(t)$
情况 7	$N_1=N_2=0, N_3=1$, $C^1=\Lambda(t)=I, \tilde{\tau}^1=0$	完全同步	$e(t)=z(t)-w(t)$
情况 8	$N_1=N_2=0, N_3=1$, $C^1=-\Lambda(t)=I, \tilde{\tau}^1=0$	反同步	$e(t)=z(t)+w(t)$

注 4.2 在保密通信过程中，通信方案的安全水平取决于加密系统(驱动系统)的复杂程度以及传输信号的加载方案。在本章设计的修正函数投影多滞后广义复合同步方案中，驱动系统是由多个混沌系统复合而成。它不仅涉及多个混沌系统的加法、减法及数乘运算，而且还使用到多个混沌系统的乘法运算，增加了非线性运算之后的复合方案使得复合后的混沌系统拓扑结构更加复杂，混沌路径更难预测。这意味着该同步方案应用到保密通信中时，信号的藏匿通道更加多样化，信号隐藏方法更加灵活，从而有效地提高了通信方案的抗攻击能力和抗破译能力。

为了处理有限时间修正函数投影多滞后广义复合同步问题，定义如下的同步误差

$$\boldsymbol{e}(t)=\left[\sum_{m=1}^{N_2}\boldsymbol{B}^m\boldsymbol{Y}^m(t-\bar{\tau}^m)\sum_{l=1}^{N_1}\boldsymbol{A}^l\boldsymbol{X}^l(t-\tau^l)+\sum_{j=1}^{N_3}\boldsymbol{C}^j\boldsymbol{Z}^j(t-\tilde{\tau}^j)-\boldsymbol{\Lambda}(t)\boldsymbol{W}(t)\right]\boldsymbol{\Gamma}$$

其中，$\boldsymbol{\Gamma}=[1,1,\cdots,1]^{\mathrm{T}}\in\mathbb{R}^n$。进而，同步误差向量$\boldsymbol{e}(t)$的元素$e_i(t)$可以表示为

$$e_i(t)=\sum_{m=1}^{N_2}\sum_{l=1}^{N_1}b_i^m a_i^l x_i^l(t-\tau^l)y_i^m(t-\bar{\tau}^m)+\sum_{j=1}^{N_3}c^j z^j(t-\tilde{\tau}^j)-\lambda_i(t)w_i(t)$$

其中，$i=1,2,\cdots,n$。

对误差函数$e_i(t)$关于时间进行求导，并结合式(4-1)~式(4-4)，可以得到下面的误差动力系统

$$\dot{e}_i(t) = \sum_{m=1}^{N_2}\sum_{l=1}^{N_1} b_i^m a_i^l [x_i^l(t-\tau^l) g_i^m(y^m(t-\bar{\tau}^m)) + y_i^m(t-\bar{\tau}^m) f_i^l(x^l(t-\tau^l))]$$
$$+ \sum_{m=1}^{N_2}\sum_{l=1}^{N_1} b_i^m a_i^l [x_i^l(t-\tau^l) \boldsymbol{G}_i^m(y^m(t-\bar{\tau}^m)) \phi^m + y_i^m(t-\bar{\tau}^m) \cdot$$
$$\boldsymbol{F}_i^l(x^l(t-\tau^l))\theta^l] + \sum_{j=1}^{N_3} c_i^j h_i^j(z^j(t-\tilde{\tau}^j)) + \sum_{j=1}^{N_3} c_i^j \boldsymbol{H}_i^j(z^j(t-\tilde{\tau}^j))\eta^j$$
$$- \dot{\boldsymbol{\lambda}}_i(t) w_i(t) - \boldsymbol{\lambda}_i(t) r_i(w(t)) - \boldsymbol{\lambda}_i(t)\boldsymbol{R}_i(w(t))\psi - \boldsymbol{\lambda}_i(t) u_i(t) \quad (4-6)$$

方便起见,记为

$$S_i(x^l, y^m, z^j, w) = \sum_{m=1}^{N_2}\sum_{l=1}^{N_1} b_i^m a_i^l [x_i^l(t-\tau^l) g_i^m(y^m(t-\bar{\tau}^m)) + y_i^m(t-\bar{\tau}^m) \cdot$$
$$f_i^l(x^l(t-\tau^l))] + \sum_{j=1}^{N_3} c_i^j h_i^j(z^j(t-\tilde{\tau}^j)) - \boldsymbol{\lambda}_i(t) r_i(w(t))$$
$$- \dot{\boldsymbol{\lambda}}_i(t) w_i(t)$$

和

$$\bar{u}_i(t) = \boldsymbol{\lambda}_i(t) u_i(t)$$

则同步误差系统(4 –6)可以简化为

$$\dot{e}_i(t) = \sum_{m=1}^{N_2}\sum_{l=1}^{N_1} b_i^m a_i^l [x_i^l(t-\tau^l) \boldsymbol{G}_i^m(\boldsymbol{y}^m(t-\bar{\tau}^m))\phi^m + y_i^m(t-\tilde{\tau}^m)\boldsymbol{F}_i^l(x^l(t-\tau^l))\theta^l]$$
$$+ \sum_{j=1}^{N_3} c_i^j \boldsymbol{H}_i^j(z^j(t-\tilde{\tau}^j))\boldsymbol{\eta}^j - \boldsymbol{\lambda}_i(t)\boldsymbol{R}_i(w(t))\psi + S_i(x^l, y^m, z^j, w) - \bar{u}_i(t) \quad (4-7)$$

4.4 有限时间自适应同步方案的设计

事实上,有限时间修正函数投影的滞后广义复合同步问题可以等价转化为同步误差系统(4 –6)的有限时间稳定问题。

本节的主要任务是设计一种自适应同步控制方案,使得同步误差的每一个分量 $e_i(t)$ 的轨迹均能在有限时间内收敛到零。为了实现这一目标,设计下面的同步控制器

$$u_i(t) = \frac{1}{\boldsymbol{\lambda}_i(t)}\Big\{ \sum_{m=1}^{N_2}\sum_{l=1}^{N_1} b_i^m a_i^l [x_i^l(t-\tau^l) \boldsymbol{G}_i^m(\boldsymbol{y}^m(t-\bar{\tau}^m))\hat{\phi}^m$$
$$+ y_i^m(t-\bar{\tau}^m)\boldsymbol{F}_i^l(\boldsymbol{x}^l(t-\tau^l))\hat{\boldsymbol{\theta}}^l] + \sum_{j=1}^{N_3} [c_i^j \boldsymbol{H}_i^j(z^j(t-\tilde{\tau}^j))\hat{\boldsymbol{\eta}}^j]$$

$$+ S_i(x^l, y^m, z^j, w) - \boldsymbol{\lambda}_i(t)\boldsymbol{R}_i(\boldsymbol{w}(t))\hat{\psi} + k_i e_i + \rho_i e_i^{\frac{q}{p}} + \Omega \cdot \Delta_i\} \tag{4-8}$$

其中,正常数 k_i 和 ρ_i 表示控制增益,它们可以按照设计者的同步要求进行设计。$\hat{\boldsymbol{\theta}}^l$, $\hat{\phi}^m$, $\hat{\boldsymbol{\eta}}^j$ 和 $\hat{\psi}$ 分别表示未知参数 $\boldsymbol{\theta}^l$, ϕ^m, $\boldsymbol{\eta}^j$ 和 ψ 的估计值, $k^* = \min\{k_1, k_2, \cdots, k_n\}$, $\rho^* = \min\{\rho_1, \rho_2, \cdots, \rho_n\}$, $i = 1, 2, \cdots, n$,且

$$\Omega = \sigma_1[\sum_{l=1}^{N_1}(\|\hat{\boldsymbol{\theta}}^l\| + \bar{\boldsymbol{\theta}}^l)^2 + \sum_{m=1}^{N_2}(\|\hat{\phi}^m\| + \bar{\phi}^m)^2 + \sum_{j=1}^{N_3}(\|\hat{\boldsymbol{\eta}}^j\| + \bar{\boldsymbol{\eta}}^j)^2$$
$$+ (\|\hat{\psi}\| + \bar{\psi})2] + \sigma_2[\sum_{l=1}^{N_1}(\|\hat{\boldsymbol{\theta}}^l\| + \bar{\boldsymbol{\theta}}^l)^{\frac{p+q}{p}} + \sum_{m=1}^{N_2}(\|\hat{\phi}^m\| + \bar{\phi}^m)^{\frac{p+q}{p}}$$
$$+ \sum_{j=1}^{N_3}(\|\hat{\boldsymbol{\eta}}^j\| + \bar{\boldsymbol{\eta}}^j)^{\frac{p+q}{p}} + (\|\hat{\psi}\| + \bar{\psi})\frac{p+q}{p}$$

$$\Delta_i = \begin{cases} \dfrac{e_i}{\|\boldsymbol{e}\|^2}, & \|\boldsymbol{e}\| \neq 0 \\ 0, & \|\boldsymbol{e}\| = 0 \end{cases} \tag{4-9}$$

与此同时,为了有效地估计未知参数,设计如下的自适应律

$$\dot{\hat{\theta}}^l = \{\boldsymbol{A}^l[\sum_{m=1}^{N_2}\boldsymbol{B}^m\boldsymbol{Y}^m(t - \bar{\tau}^m)]\boldsymbol{F}^l(\boldsymbol{x}^l(t - \tau^l))\}^{\mathrm{T}}\boldsymbol{e},\ \hat{\boldsymbol{\theta}}^l(0) = \hat{\boldsymbol{\theta}}_0^l \tag{4-10}$$

$$\dot{\hat{\varphi}}^m = \{\boldsymbol{B}^m[\sum_{l=1}^{N_1}\boldsymbol{A}^l\boldsymbol{X}^l(t - \tau^l)]\boldsymbol{G}^m(\boldsymbol{y}^m(t - \bar{\tau}^m))\}^{\mathrm{T}}\boldsymbol{e},\ \hat{\phi}^m(0) = \hat{\phi}_0^m \tag{4-11}$$

$$\dot{\hat{\boldsymbol{\eta}}}^j = [\boldsymbol{C}^j\boldsymbol{H}^j(\boldsymbol{z}^j(t - \tilde{\tau}^j))]^{\mathrm{T}}e,\ \hat{\boldsymbol{\eta}}^j(0) = \hat{\boldsymbol{\eta}}_0^j \tag{4-12}$$

$$\dot{\hat{\psi}} = -[\Lambda(t)\boldsymbol{R}(w(t))]^{\mathrm{T}}\boldsymbol{e},\ \hat{\psi}(0) = \hat{\psi}_0 \tag{4-13}$$

其中, $l = 1, 2, \cdots, N_1$, $m = 1, 2, \cdots, N_2$, $j = 1, 2, \cdots, s$。

定理 4.1 在同步控制器(4-8)和参数自适应律 (4-10) ~ (4-13)的共同作用下, $N_1 + N_2 + N_3 + 1$ 个混沌系统 (4-1) ~ (4-4)可以在有限时间 T 内实现修正函数投影多滞后广义复合同步,并且

$$T = \frac{p}{\mu(p-q)}\ln\left(1 + \frac{2\mu V^{\frac{p-q}{2p}}(0)}{2^{\frac{p+q}{2p}}\gamma}\right) \tag{4-14}$$

其中, $\mu = \min\{k^*, \sigma_1\}$, $\gamma = \min\{\rho^*, \sigma_2\}$ 。$p > 0$ 和 $q > 0$ 是两个互质的正奇数,并且满足 $p > q$ 同时 $p + q$ 是正偶数。

证明:构造如下的 Lyapunov 函数

$$V(t) = V_1(t) + V_2(t)$$

其中

$$V_1(t)=\frac{1}{2}\|e(t)\|^2$$

$$V_2(t)=\frac{1}{2}\left(\sum_{l=1}^{N_1}\|\hat{\boldsymbol{\theta}}^l-\boldsymbol{\theta}^l\|^2+\sum_{m=1}^{N_2}\|\hat{\phi}^m-\phi^m\|^2+\sum_{j=1}^{N_3}\|\hat{\boldsymbol{\eta}}^j-\boldsymbol{\eta}^j\|^2+\|\hat{\psi}-\psi\|^2\right)$$

当 $\|\boldsymbol{e}(t)\|\neq 0$，将控制器(4－8)代入同步误差系统(4－17)，可得

$$\begin{aligned}\dot{e}_i(t)=&\sum_{l=1}^{N_1}\sum_{m=1}^{N_2}b_i^m a_i^l[x_i^l(t-\tau^l)\boldsymbol{G}_i^m(\boldsymbol{y}^m(t-\bar{\tau}^m))(\phi^m-\hat{\phi}^m)\\&+y_i^m(t-\bar{\tau}^m)\boldsymbol{F}_i^l(\boldsymbol{x}^l(t-\tau^l))(\boldsymbol{\theta}^l-\hat{\boldsymbol{\theta}}^l)]\\&+\sum_{j=1}^{N_3}c_i^j\boldsymbol{H}_i^j(\boldsymbol{z}^j(t-\tilde{\tau}^j))(\boldsymbol{\eta}^j-\hat{\boldsymbol{\eta}}^j)-\boldsymbol{\lambda}_i(t)\boldsymbol{R}_i(\boldsymbol{w}(t))(\psi-\hat{\psi})\\&-k_ie_i-\rho_ie_i^{\frac{q}{p}}-\Omega\cdot\frac{e_i}{\|\boldsymbol{e}\|^2}\end{aligned}$$

沿着同步误差系统对 Lyapunov 函数 $V_1(t)$ 求导，结合

$$\sum_{i=1}^{n}e_i\cdot\frac{e_i}{\|e\|^2}=1$$

可得

$$\begin{aligned}\dot{V}_1(t)=&\boldsymbol{e}^{\mathrm{T}}(t)\dot{\boldsymbol{e}}(t)=\sum_{i=1}^{n}e_i(t)\dot{e}_i(t)\\=&\sum_{l=1}^{N_1}\sum_{m=1}^{N_2}\sum_{i=1}^{n}e_i(t)b_i^m a_i^l x_i^l(t-\tau^l)\boldsymbol{G}_i^m(y^m(t-\bar{\tau}^m))(\phi^m-\hat{\phi}^m)\\&+\sum_{l=1}^{N_1}\sum_{m=1}^{N_2}\sum_{i=1}^{n}e_i(t)b_i^m a_i^l y_i^m(t-\bar{\tau}^m)\boldsymbol{F}_i^l(\boldsymbol{x}^l(t-\tau^l))(\boldsymbol{\theta}^l-\hat{\boldsymbol{\theta}}^l)\\&+\sum_{j=1}^{N_3}\sum_{i=1}^{n}e_i(t)c_i^j\boldsymbol{H}_i^j(\boldsymbol{z}^j(t-\tilde{\tau}^j))(\boldsymbol{\eta}^j-\hat{\boldsymbol{\eta}}^j)\\&-\sum_{i=1}^{n}e_i(t)\boldsymbol{\lambda}_i(t)\boldsymbol{R}_i(\boldsymbol{w}(t))(\psi-\hat{\psi})\\&-\sum_{i=1}^{n}k_ie_i^{\ 2}(t)-\sum_{i=1}^{n}\rho_ie_i^{\frac{p+q}{p}}(t)-\Omega\end{aligned}\qquad(4-15)$$

同时，对 Lyapunov 函数 $V_2(t)$ 关于时间求导可得，

$$\begin{aligned}\dot{V}_2(t)=&\sum_{l=1}^{N_1}(\hat{\boldsymbol{\theta}}^l-\boldsymbol{\theta}^l)^{\mathrm{T}}\dot{\hat{\boldsymbol{\theta}}}^l+\sum_{m=1}^{N_2}(\hat{\phi}^m-\phi^m)^{\mathrm{T}}\dot{\hat{\phi}}^m+\sum_{j=1}^{N_3}(\hat{\boldsymbol{\eta}}^j-\boldsymbol{\eta}^j)^{\mathrm{T}}\dot{\hat{\boldsymbol{\eta}}}^j\\&+(\hat{\psi}-\psi)^{\mathrm{T}}\dot{\hat{\psi}}\end{aligned}$$

$$
\begin{aligned}
&= \sum_{l=1}^{N_1} \{ (\hat{\boldsymbol{\theta}}^l - \boldsymbol{\theta}^l)^{\mathrm{T}} \sum_{m=1}^{N_2} [\boldsymbol{B}^m \boldsymbol{A}^l \boldsymbol{Y}^m (t - \bar{\tau}^m) \boldsymbol{F}^l (\boldsymbol{x}^l (t - \tau^l))]^{\mathrm{T}} \boldsymbol{e}(t) \} \\
&+ \sum_{m=1}^{N_2} \{ (\hat{\boldsymbol{\phi}}^m - \boldsymbol{\phi}^m)^{\mathrm{T}} \sum_{l=1}^{N_1} [\boldsymbol{B}^m \boldsymbol{A}^l \boldsymbol{X}^l (t - \tau^l) \boldsymbol{G}^m (\boldsymbol{y}^m (t - \bar{\tau}^m))]^{\mathrm{T}} \boldsymbol{e}(t) \} \\
&+ \sum_{j=1}^{N_3} (\boldsymbol{\eta}^j - \hat{\boldsymbol{\eta}}^j)^{\mathrm{T}} [\boldsymbol{C}^j \boldsymbol{H}^j (\boldsymbol{z}^j (t - \tilde{\tau}^j))]^{\mathrm{T}} \boldsymbol{e}(t) \\
&- (\hat{\psi} - \psi)^{\mathrm{T}} [\boldsymbol{\Lambda}(t) \boldsymbol{R}(\boldsymbol{w}(t))]^{\mathrm{T}} e(t)
\end{aligned} \tag{4-16}
$$

综合式(4-15)与式(4-16),并利用

$$
\begin{aligned}
&\sum_{l=1}^{N_1} \sum_{i=1}^{n} e_i(t) b_i^m a_i^l x_i^l (t - t^l)\ G_i^m (y^m (t - \bar{t}^m)) (\phi^m - \hat{\phi}^m) \\
&= (\boldsymbol{\phi}^m - \hat{\boldsymbol{\phi}}^m)^{\mathrm{T}} \{ \boldsymbol{B}^m [\sum_{l=1}^{N_1} \boldsymbol{A}^l \boldsymbol{X}^l (t - t^l)] \boldsymbol{G}^m (y^m (t - \bar{t}^m)) \}^{\mathrm{T}} \boldsymbol{e}(t)
\end{aligned}
$$

$$
\begin{aligned}
&\sum_{m=1}^{N_2} \sum_{i=1}^{n} e_i(t) b_i^m a_i^l y_i^m (t - \bar{t}^m) \boldsymbol{F}_i^l (\boldsymbol{x}^l (t - t^l)) (\boldsymbol{\theta}^l - \hat{\boldsymbol{\theta}}^l) \\
&= (\boldsymbol{\theta}^l - \hat{\boldsymbol{\theta}}^l)^{\mathrm{T}} \{ \boldsymbol{A}^l [\sum_{m=1}^{N_2} \boldsymbol{B}^m \boldsymbol{Y}^m (t - \bar{t}^m)] \boldsymbol{F}^l (\boldsymbol{x}^l (t - t^l)) \}^{\mathrm{T}} \boldsymbol{e}(t)
\end{aligned}
$$

$$
\begin{aligned}
&\sum_{j=1}^{N_3} \sum_{i=1}^{n} e_i(t) c_i^j \boldsymbol{H}_i^j (z^j (t - \tilde{t}^j)) (\boldsymbol{\eta}^j - \hat{\boldsymbol{\eta}}^j) \\
&= \sum_{j=1}^{N_3} (\boldsymbol{\eta}^j - \hat{\boldsymbol{\eta}}^j)^{\mathrm{T}} [\boldsymbol{C}^j Z^j (t - \tilde{t}^j) \boldsymbol{H}^j (z^j (t - \tilde{t}^j))]^{\mathrm{T}} \boldsymbol{e}(t)
\end{aligned}
$$

以及

$$
- \sum_{i=1}^{n} e_i(t) \boldsymbol{\lambda}_i(t) \boldsymbol{R}_i (w(t)) (\psi - \hat{\psi}) = - (\psi - \hat{\psi})^{\mathrm{T}} [\Lambda(t) \boldsymbol{R}(\boldsymbol{w}(t))]^{\mathrm{T}} \boldsymbol{e}(t)
$$

可得

$$
\begin{aligned}
\dot{V}(t) &= \dot{V}_1(t) + \dot{V}_2(t) \\
&= - \sum_{i=1}^{n} [k_i e_i^2(t) + \rho_i e_i^{\frac{p+q}{p}}(t)] - \Omega \\
&\leqslant - k^* \sum_{i=1}^{n} e_i^2(t) - \rho^* \sum_{i=1}^{n} e_i^{\frac{p+q}{p}}(t) - \Omega
\end{aligned}
$$

又因为

$$
\begin{aligned}
- \Omega \leqslant &- \sigma_1 [\sum_{l=1}^{N_1} \| \hat{\theta}^l - \boldsymbol{\theta}^l \|^2 + \sum_{m=1}^{N_2} \| \hat{\phi}^m - \phi^m \|^2 + \sum_{j=1}^{N_3} \| \hat{\eta}^j - \eta^j \|^2 + \| \hat{\psi} - \psi \|^2] \\
&- \sigma_2 [\sum_{l=1}^{N_1} \| \hat{\boldsymbol{\theta}}^l - \boldsymbol{\theta}^l \|^{\frac{p+q}{p}} + \sum_{m=1}^{N_2} \| \hat{\boldsymbol{\phi}}^m - \boldsymbol{\phi}^m \|^{\frac{p+q}{p}} + \sum_{j=1}^{s} \| \hat{\boldsymbol{\eta}}^j - \boldsymbol{\eta}^j \|^{\frac{p+q}{p}}
\end{aligned}
$$

$$+\|\hat{\psi}-\psi\|^{\frac{p+q}{p}}]$$

所以

$$\begin{aligned}\dot{V}(t) \leqslant & -\mu[\sum_{i=1}^{n}e_i^2(t)+\sum_{l=1}^{N_1}\|\hat{\boldsymbol{\theta}}^l-\theta^l\|^2+\sum_{m=1}^{N_2}\|\hat{\phi}^m-\phi^m\|^2+\sum_{j=1}^{N_3}\|\hat{\eta}^j-\eta^j\|^2 \\ & +\|\hat{\psi}-\psi\|^2]-\gamma[\sum_{i=1}^{n}e_i^{\frac{p+q}{p}}(t)+\sum_{l=1}^{N_1}\|\hat{\boldsymbol{\theta}}^l-\boldsymbol{\theta}^l\|^{\frac{p+q}{p}}+\sum_{m=1}^{N_2}\|\hat{\phi}^m-\phi^m\|^{\frac{p+q}{p}} \\ & +\sum_{j=1}^{N_3}\|\hat{\boldsymbol{\eta}}^j-\boldsymbol{\eta}^j\|^{\frac{p+q}{p}}+\|\hat{\psi}-\psi\|^{\frac{p+q}{p}}] \\ = & -2\mu V(t)-\gamma[\sum_{i=1}^{n}e_i^{\frac{p+q}{p}}(t)+\sum_{l=1}^{N_1}\|\hat{\boldsymbol{\theta}}^l-\boldsymbol{\theta}^l\|^{\frac{p+q}{p}}+\sum_{m=1}^{N_2}\|\hat{\phi}^m-\phi^m\|^{\frac{p+q}{p}} \\ & +\sum_{j=1}^{N_3}\|\hat{\boldsymbol{\eta}}^j-\boldsymbol{\eta}^j\|^{\frac{p+q}{p}}+\|\hat{\psi}-\psi\|^{\frac{p+q}{p}}]\end{aligned}$$

根据引理 3.2 可得

$$\begin{aligned}\dot{V}(t) \leqslant & -2\mu V(t)-\gamma[\sum_{i=1}^{n}e_i^2(t)+\sum_{l=1}^{N_1}\|\hat{\boldsymbol{\theta}}^l-\boldsymbol{\theta}^l\|^2+\sum_{m=1}^{N_2}\|\hat{\phi}^m-\phi^m\|^2 \\ & +\sum_{j=1}^{N_3}\|\hat{\boldsymbol{\eta}}^j-\boldsymbol{\eta}^j\|^2+\|\hat{\psi}-\psi\|^2]^{\frac{p+q}{2p}} \\ = & -2\mu V(t)-2^{\frac{p+q}{2p}}\gamma V^{\frac{p+q}{2p}}(t)\end{aligned}$$

在此基础上，利用引理 4.1 可知，误差分量 $e_i(t)$ 的轨迹将在有限时间 T 内收敛到零，其中，收敛时间 T 由式(4-14)给出，从而，混沌系统(4-1)~(4-4)实现了有限时间修正函数投影多滞后广义复合同步。

证毕。

注 4.3 本章设计的控制器(4-8)与自适应律(4-10)~(4-13)中，控制增益 $\boldsymbol{k}=(k_1,k_2,\cdots,k_n)$ 和 $\boldsymbol{\rho}=(\rho_1,\rho_2,\cdots,\rho_n)$ 决定了误差收敛到零的速度，而参数 σ_1 和 σ_2 则决定着未知参数在线跟踪的快慢程度。如果设计者的主要目标是实现快速同步而不是参数的快速跟踪，那么就可以选择足够小的 σ_1 和 σ_2 来降低控制成本。

注 4.4 参照第三章中的注 3.5，为避免奇异值的出现，在实践操作过程中，控制器中，(4-9)中的 Δ_i 通常会改进为

$$\Delta_i=\begin{cases}\dfrac{e_i}{\|\boldsymbol{e}\|^2}, & \|\boldsymbol{e}\|\geqslant\delta \\ 0, & \|\boldsymbol{e}\|<\delta\end{cases}$$

其中，参数 δ 是一个充分小的正常数。

4.5 数值仿真

本节将通过一个具体的仿真算例来验证本章所设计的自适应同步控制方案的有效性。

选用参数完全未知的 Róssler 系统和 Lü 系统作为基本驱动系统，选用 Chen 系统作为比例驱动系统，同时，选用 Liü 系统作为响应系统，这四个著名的混沌系统的数学模型分别可做以下描述。

Róssler 系统：

$$\begin{pmatrix}\dot{x}_1^1\\ \dot{x}_2^1\\ \dot{x}_3^1\end{pmatrix}=\underbrace{\begin{pmatrix}-x_2^1-x_3^1 & 0 & 0\\ x_1^1 & x_2^1 & 0\\ 0 & 0 & -x_3^1\end{pmatrix}}_{\boldsymbol{F}^1(\boldsymbol{x}^1(t))}\underbrace{\begin{pmatrix}1\\ 0.2\\ 5.7\end{pmatrix}}_{\boldsymbol{\theta}^1}+\underbrace{\begin{pmatrix}0\\ 0\\ x_1^1x_3^1+0.2\end{pmatrix}}_{\boldsymbol{f}^1(\boldsymbol{x}^1(t))}.$$

Lü 系统：

$$\begin{pmatrix}\dot{x}_1^2\\ \dot{x}_2^2\\ \dot{x}_3^2\end{pmatrix}=\underbrace{\begin{pmatrix}x_2^2-x_1^2 & 0 & 0\\ 0 & x_2^2 & 0\\ 0 & 0 & -x_3^2\end{pmatrix}}_{\boldsymbol{F}^2(\boldsymbol{x}^2(t))}\underbrace{\begin{pmatrix}36\\ 20\\ 3\end{pmatrix}}_{\boldsymbol{\theta}^2}+\underbrace{\begin{pmatrix}0\\ -x_1^2x_3^2\\ x_1^2x_2^2\end{pmatrix}}_{\boldsymbol{f}^2(\boldsymbol{x}^2(t))}$$

Chen 系统：

$$\begin{pmatrix}\dot{y}_1\\ \dot{y}_2\\ \dot{y}_3\end{pmatrix}=\underbrace{\begin{pmatrix}y_2-y_1 & 0 & 0\\ -y_1 & y_1+y_2 & 0\\ 0 & 0 & -y_3\end{pmatrix}}_{\boldsymbol{G}(\boldsymbol{y}(t))}\underbrace{\begin{pmatrix}35\\ 28\\ 3\end{pmatrix}}_{\boldsymbol{\phi}}+\underbrace{\begin{pmatrix}0\\ -y_1y_3\\ y_1y_2\end{pmatrix}}_{\boldsymbol{g}(\boldsymbol{y}(t))}$$

Liü 系统：

$$\begin{pmatrix}\dot{w}_1\\ \dot{w}_2\\ \dot{w}_3\end{pmatrix}=\underbrace{\begin{pmatrix}w_2-w_1 & 0 & 0\\ 0 & w_1 & 0\\ 0 & 0 & -w_3\end{pmatrix}}_{\boldsymbol{R}(\boldsymbol{w}(t))}\underbrace{\begin{pmatrix}10\\ 40\\ 2.5\end{pmatrix}}_{\boldsymbol{\psi}}+\underbrace{\begin{pmatrix}0\\ -w_1w_3\\ 4\,(w_1)^2\end{pmatrix}}_{\boldsymbol{r}(\boldsymbol{w}(t))}+\underbrace{\begin{pmatrix}u_1(t)\\ u_2(t)\\ u_3(t)\end{pmatrix}}_{\boldsymbol{u}(t)}$$

仿真过程中，驱动系统的初始状态分别为 $\boldsymbol{x}^1(0)=\boldsymbol{x}^2(0)=[-5,11,4.5]^{\mathrm{T}}$ 和 $\boldsymbol{y}(0)=[-6,-6,-6]^{\mathrm{T}}$，响应系统的初始值为 $\boldsymbol{w}(0)=[2,2,2]^{\mathrm{T}}$，控制增益设计为 $k=[1500,1500,1500]$，$\boldsymbol{\rho}=[60,60,60]^{\mathrm{T}}$，$p=5$，$q=1$ 和 $\sigma_1=\sigma_2=0.01$，未知参数的上界选取为 $\bar{\theta}^l=10$，$\bar{\theta}^2=\bar{\varphi}=\bar{\psi}=50$。取同步时滞为 $\tau^0=\tau^1=\tau^2=0.1$，

同时,比例矩阵设计为

$$A^1 = A^2 = B = \begin{pmatrix} 1 & 0 & 0 \\ 0 & 2 & 0 \\ 0 & 0 & -1 \end{pmatrix}$$

和

$$\Lambda(t) = \text{diag}\{10 + 0.1\sin t, 10 - 0.1\sin t, 10 + 0.1\cos t\}$$

则仿真结果如图 4.2 ~ 图 4.6 所示。

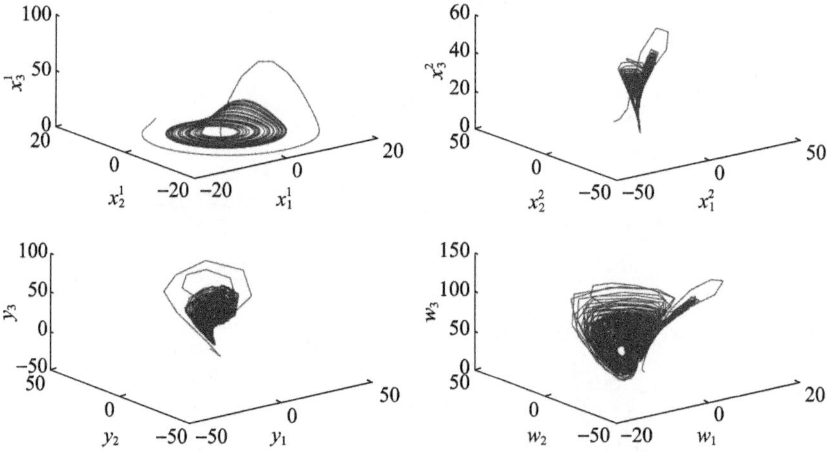

图 4.2　各个子系统的相位图

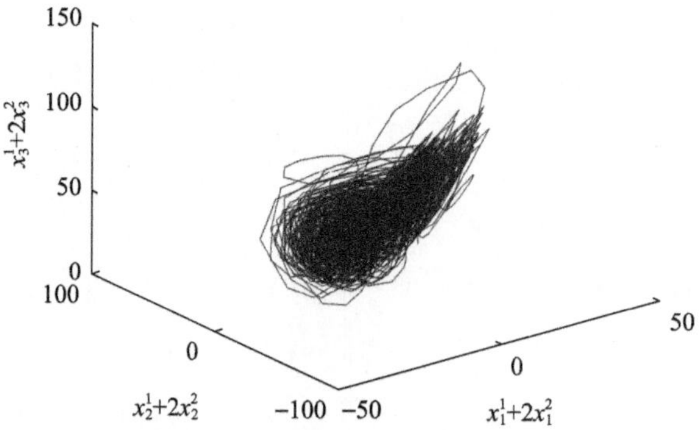

图 4.3　组合驱动系统 $\boldsymbol{x}^1 + 2\boldsymbol{x}^2$ 的相位图

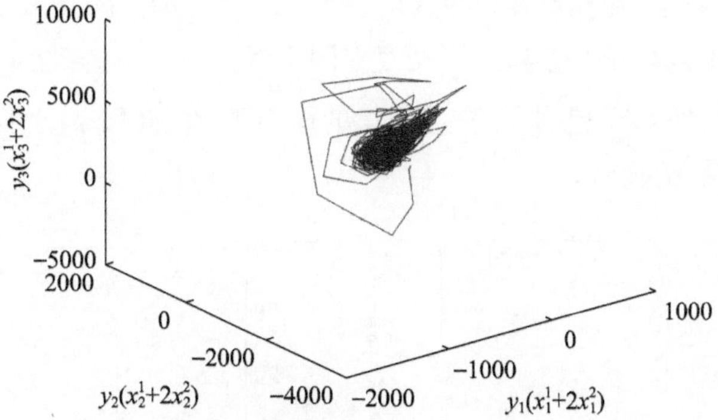

图 4.4 复合合驱动系统 $\boldsymbol{y}(\boldsymbol{x}^1+2\boldsymbol{x}^2)$ 的相位图

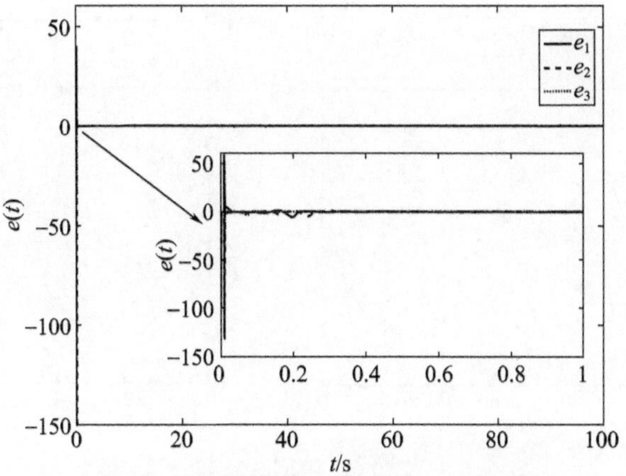

图 4.5 同步误差 $e_i(t)$ 的时间响应曲线

通过图 4.2 和图 4.3 的对比可以看出，复合后的驱动系统在不失去混沌特性的情况下变得更加复杂。此外，图 4.3 和图 4.4 之间的比较说明，对于组合方案而言，由于只涉及到了子系统之间的加减运算，组合之后的混沌系统的尺寸（即混沌流形的体积）并没有发生明显变化，相比而言，复合方案则是用比例驱动系统代替了组合型方案中的常数值比例系数，因其使用到了子系统之间的乘法运算，使得复合之后的混沌系统的混沌流形的直径变长，这意味着更多类型的信号可以被传输。另外，通过将非线性系统相乘，复合后的混沌系统的几何拓扑结构更复杂，混沌路径更难预测，从而有效提高了保密通信的安全性能，同时，由于复合同步方案涉及的子系统较多，在保密通信的过程中，信号的携带方式更加灵活，更加多样化，这也可以进一步提高保密通信的抗破译能力。

如图 4.5 所示，在控制律(4－8)～(4－13)的作用下，其中，切换参数 $\delta=0.01$，每个修正函数投影多滞后广义复合同步误差 $e_i(t)$ 都会在很短的时间内收敛到零。同时，图 4.6 表明，在自适应律的作用下，$\hat{\boldsymbol{\theta}}^l$，$\hat{\phi}$ 和 $\hat{\psi}$ 分别收敛到未知参数 $\boldsymbol{\theta}^l$，$\boldsymbol{\Phi}$ 和 ψ 的精确值。

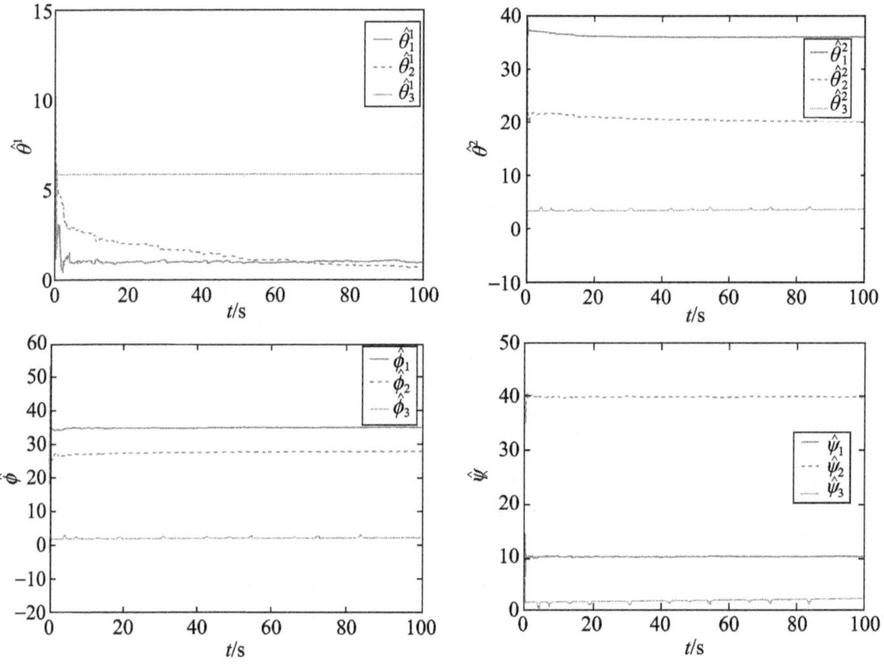

图 4.6　未知参数估计值的时间响应曲线

仿真结果表明了该同步方案的复杂性和有效性。

4.6　本章小结

本章巧妙地将矩阵乘法引入混沌同步方案，在组合同步方案的基础上，设计出了一种新的同步方案——修正函数投影多滞后广义复合同步，该同步方案不但涵盖了现有的绝大多数混沌同步方案，而且能够显著提升保密通信的安全性能。在此基础上，借助自适应控制技术和 Lyapunov 稳定性理论，研究了参数完全未知的多个不同混沌系统的有限时间修正函数投影多滞后广义复合同步问题。数值仿真结果表明，本章设计的自适应控制方案能够在确保有限时间修正函数投影多滞后广义复合同步的同时实现对未知参数的准确跟踪。

第五章　基于切换型事件触发机制的异构混沌系统网络同步

网络保密通信大多是在有限的资源限制下进行的。目前广泛使用的基于时间触发的同步控制方案的缺点是所有样本都要被传输，增加了带宽负担。另一方面，带宽负荷过大不可避免地对网络同步性能产生影响。如何在不损害网络同步性能的前提下，降低网络资源的利用率是一个富有价值的课题。为解决此矛盾，基于事件触发的网络控制方案被提了出来，该方案是在传感器和控制器之间增加一个事件触发器来检测当前输出与最近一次采样输出之间的误差。只有当误差超出某个阈值时，数据才会被传输到控制器。实践证明事件触发控制能有效减轻网络通信负担。目前的时间触发机制可以分为两类：标准型事件触发机制和指数型事件触发机制。前者通过判断相对误差大小来筛选数据，而后者则通过判断绝对误差大小来筛选数据。前者的缺点是，当绝对误差很小时会导致数据连续传输，甚至产生 Zeno 行为。后者的不足是未考虑绝对误差，对较大的样本筛选能力差。将两类事件触发机制有效结合、扬长避短是一个富有挑战的课题。另外，在实际的网络保密通信中，信号发射端的加密系统（驱动系统）和信号接收端的解密系统（响应系统）可能具有不同的混沌结构，甚至不同的维数。本章针对两个异构混沌系统，设计了切换型事件触发网络同步方案。首先，构建一个降维观测器来估计驱动系统的所有状态。然后，在标准型事件触发机制的基础上，增加了指数型切换律，设计出一种新的切换型事件触发机制，在确保良好同步性能同时能够有效减少样本更新频率。

5.1　引言

近年来，混沌系统由于其对初值的敏感性、状态的有界性、内在的随机性，以及长期行为的不可预测性等特点，迅速成为保密通信、信号处理、图像加密等领域的研究热点。同时，混沌同步也成为混沌系统应用中的关键技术。

现有的混沌同步方面的工作大多针对的是同构混沌系统，主要分为两种情况，第一种情况是，响应系统和驱动系统的代数模型是完全相同的，只是初始值不同；另一种情况是，响应系统是通过修改驱动系统的参数得到的。实际上，在许多实际系统中，混沌同步是通过异结构甚至是不同维数的振荡器来实现的。特别是对于网络安全通信而言，驱动系统与响应系统之间的结构差异越大，保密性能越好。因此，不同维数的混沌系统之间的同步问题成为一个新的富有挑战性的课题。Zhang 和 Ouannas 等针对不同维数的混沌系统，通过引入驱动系统的输出函数，实现了响应系统与驱动系统部分状态的混沌同步[46-47]。Wen 构造了一个非线性观测器，使得增广响应系统可以成功地跟踪驱动系统的所有状态[48]。

随着传感器、信号处理和通信技术的快速发展，关于网络控制系统（Networked Control Systems，NCSs）的研究迅速兴起。所谓网络控制系统，是指通过通信网络连接而成闭环回路的空间分布式控制系统，其中分布在空间中不同位置上的组件，例如，采样器、执行器、传感器和控制器通过共享通信网络连接在一起。相对于传统控制系统，网络控制系统有安装成本低、维护保养方便、易用于设计大规模系统等优势。绝大多数保密通信系统都是网络控制系。

网络控制系统的优势在于闭环回路通过网络达到远程控制的目的，同时，网络的物理局限性也不可避免地影响了网络控制系统的性能，其中，网络的有限数据传输率是一个重要的限制因素。如果将传统的时间触发机制（Time - Triggered Mechanism，TTM）应用于网络控制系统中时，这就意味着所有采样数据都需要被传输。这会导致大量无用数据的传输进而造成网络通信带宽资源高度占用，甚至会因为网络负荷过大引起数据传输滞后或者发生不必要的网络丢包，从而影响网络通信质量。因此如何在不影响网络通信的稳定性并确保通信质量的前提下，降低网络带宽利用率是一个很有价值的问题。为克服周期采样的缺点，事件触发机制（Event - Triggered Mechanism，ETM）应运而生，其基本思想是引入一个判别机制来决定当前采样数据是否被传输，只有系统状态满足某个预设条件或在达到某个阈值时才通过网络进行数据传播。事件触发机制可以降低网络数据传输数量、减轻网络带宽占用负担、减少控制任务的执行次数、节约计算成本、提高系统的运行效率。目前，事件触发机制已经应用到网络控制系统、无线传感器网络、嵌入式系统和多智能体系统等资源有限系统。

到目前为止，主要有两种类型的事件触发机制，分别是标准型事件触发机制（Norm Event - Triggered Mechanism，NETM）和指数型事件触发机制（Exponential Event - Triggered Mechanism，EETM）。

以上两种事件触发机制中,标准型事件触发机制是最常用的一种。在该触发机制作用下,如果采样器以固定步长 $h>0$ 进行周期性采样,那么某次数据传输完成后,下一个数据传输时刻可以描述为

$$t_{k+1}h = t_k h + \min_{l \in Z^+}\{lh \mid \boldsymbol{\delta}_k^{\mathrm{T}}(t)\boldsymbol{\Phi}\boldsymbol{\delta}_k(t) > \sigma x^{\mathrm{T}}(t_k h + lh)\boldsymbol{\Phi}\boldsymbol{x}(t_k h + lh)\} \quad (5-1)$$

其中,$\boldsymbol{x}(t)$ 表示采样器的样本输出,$\boldsymbol{\delta}_k(t) = \boldsymbol{x}(t_k h + lh) - \boldsymbol{x}(t_k h)$ 表示当前时刻的样本输出与上个事件触发时刻(数据传输时刻)的样本输出之间的绝对误差,$\boldsymbol{\Phi}$ 是一个对称正定矩阵,l 是一个非负整数,$\sigma \in (0,1)$ 表示阈值参数[49]。由于阈值函数仅与当前样本的范数有关,因此该方法的实质是通过判断当前样本的相对误差来确定是否传输采样数据。但是,由于这种触发条件不依赖于相对的绝对误差,所以当 $\| x(t) \|$ 接近零时,很容易导致频繁采样,甚至发生 Zeno 现象(即连续采样)。

值得一提的是,阈值调节参数 σ 刻画了该触发机制对相对误差的容忍程度,决定了网络通信过程中执行器的数据更新频率(即事件触发的次数),通常情况下,σ 的值越大,表明该触发机制对样本相对误差的容忍度越高,事件的触发间隔较长,相应的系统稳定性能较差,相反,σ 的值越大,说明该触发机制对样本相对误差的容忍度越低,事件的触发间隔较短,相应的系统稳定性能较好,特别地,当 $\sigma=0$ 时,事件触发机制就退化成普通的周期性时间触发机制。在标准型事件触发机制中,σ 是一个预先设定的常数,不具有灵活性,很难适应系统的变化。因此,有必要寻求一种在线更新方案来优化调节参数 σ。文献[50]首次提出了一种自适应的标准型事件触发机制。在该方案中,将标准型事件触发机制(5-1)中的阈值调节参数 σ 由常数改进为变量 $\sigma(t)$,并通过下面的自适应律实现在线更新

$$\dot{\sigma}(t) = \frac{1}{\sigma(t)}\left(\frac{1}{\sigma(t)} - \gamma\right)\boldsymbol{\delta}_k^{\mathrm{T}}(t)\boldsymbol{\Phi}\boldsymbol{\delta}_k(t) \quad (5-2)$$

其中, 参数 $\gamma>0$ 需要通过求解线性矩阵不等式来获取。

不难看出,在式(5-2)的作用下,参数 $\sigma(t)$ 的值将稳定在常数$\frac{1}{\gamma}$附近。然而,通过线性矩阵不等式得到的解一般只是可行解,而不是最优解,这意味着该方法并不一定能找到参数 $\sigma(t)$ 的最优变化曲线。

在参考文献[51]中,Zhang 设计了另一种依赖于样本绝对误差 $\delta(t)$ 的参数自适应律

$$\dot{\sigma}(t) = d\sigma(t) \quad (5-3)$$

其中，

$$d=\begin{cases}1,\boldsymbol{\delta}_k^{\mathrm{T}}(t)\boldsymbol{\delta}_k(t)<\Delta\\0,\boldsymbol{\delta}_k^{\mathrm{T}}(t)\boldsymbol{\delta}_k(t)=\Delta\text{ 或 }0\\-1,\boldsymbol{\delta}_k^{\mathrm{T}}(t)\boldsymbol{\delta}_k(t)>\Delta\end{cases}$$

在这里，常数 $\Delta>0$ 表示可容许的阈值误差，$\sigma(t)$ 要求介于闭区间 $[\sigma_m,\sigma_M]\subset(0,1)$。

在参考文献[52]中，上述调节参数的自适应律(5－3)简化为

$$\sigma(t)=\begin{cases}\sigma_1,\boldsymbol{\delta}_k^{\mathrm{T}}(t)\boldsymbol{\delta}_k(t)>\Delta\\\sigma_2,\boldsymbol{\delta}_k^{\mathrm{T}}(t)\boldsymbol{\delta}_k(t)\leqslant\Delta\end{cases}\tag{5-4}$$

其中，$0<\sigma_1\leqslant\sigma_2<1$。

然而，在以上两种自适应事件触发方案(5－3)和(5－4)中，关于样本绝对误差的阈值 Δ 都是一个常数而不是一个变量。

近年来，在处理多智能体系统的一致性或复杂网络的同步问题的过程中，另一种事件触发机制——指数型事件触发机制(Exponential Event－Triggered Mechanism，EETM)被提了出来。在该事件触发机制中，下一个传输时刻由下面的等式决定

$$t_{k+1}h=t_kh+\min_{l\in Z^+}\{lh\mid\boldsymbol{\delta}_k^{\mathrm{T}}(t)\boldsymbol{\Phi}\boldsymbol{\delta}_k(t)>\kappa\exp(-\epsilon t)\}\tag{5-5}$$

其中，常数 $\kappa>0,\epsilon>0$。

这种方法的优点在于其阈值是一个非负的指数函数，因此可以避免 Zeno 行为，而该方法的缺点是由于阈值函数与当前样本无关，也就是说该触发机制是通多判断绝对误差的大小来决定是否进行数据更新的，这使得当样本的范数较大时，事件触发频率变大，数据筛选能力变差。

通过上面的对比分析可以看出，如何将标准型事件触发机制与指数型事件触发机制这两种事件触发机制相结合，扬长避短，是一个非常有意义的问题。通过广泛查文献返发现，目前该问题尚未解决，这激发了本章的研究工作。

综上所述，本章研究基于一种新的切换型事件触发机制(Switching Event－Triggered Mechanism，SETM)的不同维混沌系统的网络同步问题。本章的组织思路如下。首先，建立两个不同维数混沌系统的驱动－响应同步通信模型。接着，设计一种集中了标准型事件触发机制和指数型事件触发机制优点的切换型事件触发方案，降低网络中的数据更新频率。随后，为响应系统构造基于观测器的控制器，以跟踪驱动系统的所有状态。基于 Lyapunov 稳定性理论，给出了网络同

步的充分条件。最后,通过数值模拟验证了所设计的网络同步方案的可行性和先进性。

与现有文献相比,本章设计的网络通信方案具有以下两个优势。

首先,针对响应系统构造了观测器,即使在响应系统的维数低于驱动系统的维数的情况下,也可以确保驱动系统的所有状态都能够被同步获取。

其次,设计了新的切换型事件触发方案,该方案集中了两类传统事件触发机制 NETM 和 EETM 的优点。不仅考虑了相对误差对同步性能的影响,而且考虑了样本绝对误差的影响,在保证良好的同步性能的前提下,进一步提高了数据的筛选能力,有效降低了网络通信的负荷。

符号说明:本章使用的符号都是标准的。另外,本章使用的矩阵或向量,如果没有明确说明,则假定其具有合适的维数。

5.2 问题描述

考虑驱动 - 响应型(Drive - response)网络同步(Network - synchronization)问题,假设驱动系统的维数高于响应系统,其中高维的驱动系统的数学模型表示为

$$\begin{cases}\dot{\boldsymbol{x}}(t)=\boldsymbol{A}\boldsymbol{x}(t)+\boldsymbol{f}(\boldsymbol{x}(t))\\ \boldsymbol{y}(t)=\boldsymbol{C}\boldsymbol{x}(t)\end{cases}\tag{5-6}$$

其中,$\boldsymbol{x}(t)\in\mathbb{R}^s$,$\boldsymbol{y}(t)\in\mathbb{R}^{m_n}$分别表示状态向量和输出向量。$\boldsymbol{x}(t)$可以分解为$\boldsymbol{x}(t)=[\boldsymbol{x}_1^{\mathrm{T}}(t),\boldsymbol{x}_2^{\mathrm{T}}(t),\cdots,\boldsymbol{x}_n^{\mathrm{T}}(t)]^{\mathrm{T}}$, $\boldsymbol{x}_i(t)\in\mathbb{R}^{m_i}$,$m_i$ 是正整数,并且满足 $\sum\limits_{i=1}^{n}m_i=s$。

向量$\boldsymbol{f}(\boldsymbol{x}(t))=[\boldsymbol{f}_1^{\mathrm{T}}(\boldsymbol{x}(t)),\boldsymbol{f}_2^{\mathrm{T}}(\boldsymbol{x}(t)),\cdots,\boldsymbol{f}_n^{\mathrm{T}}(\boldsymbol{x}(t))]^{\mathrm{T}}\in\mathbb{R}^s$,并且它的每个元素$\boldsymbol{f}_i(x(t))$都是一个连续可微的非线性向量值函数。$\boldsymbol{A}\in\mathbb{R}^{s\times s}$,$\boldsymbol{C}=[\boldsymbol{O}_{m_n\times(s-m_n)},\boldsymbol{I}_{m_n}]\in\mathbb{R}^{m_n\times s}$ $\boldsymbol{A}_z\in\mathbb{R}^{m_n\times m_n}$ 是系数矩阵,并且矩阵对$(\boldsymbol{C},\boldsymbol{A})$是可观测的。

不失一般性,假设非线性函数$\boldsymbol{f}:\mathbb{R}^s\to\mathbb{R}^s$ 满足 Lipschitz 条件:

$$(\boldsymbol{f}(\boldsymbol{\alpha})-\boldsymbol{f}(\boldsymbol{\beta}))^{\mathrm{T}}(\boldsymbol{f}(\boldsymbol{\alpha})-\boldsymbol{f}(\boldsymbol{\beta}))\leqslant\psi(\boldsymbol{\alpha}-\boldsymbol{\beta})^{\mathrm{T}}(\boldsymbol{\alpha}-\boldsymbol{\beta})\tag{5-7}$$

其中,α,β 是定义域中的任意两个向量,$\psi>0$ 是 Lipschitz 常数。

令 $\boldsymbol{\Psi}=\mathrm{diag}\{\psi,\cdots,\psi\}$,则上述不等式可以改写为

$$(\boldsymbol{f}(\alpha)-\boldsymbol{f}(\beta))^{\mathrm{T}}(\boldsymbol{f}(\alpha)-\boldsymbol{f}(\beta))\leqslant(\alpha-\beta)^{\mathrm{T}}\boldsymbol{\Psi}(\alpha-\beta)$$

与驱动系统\eqref{e:05_1}对应的低维响应系统的数学模型为

$$\dot{z}(t)=A_z z(t)+f_z(z(t))+u(t) \tag{5-8}$$

其中,$z(t)\in\mathbb{R}^{m_n}$为状态向量,$f_z(z(t))\in\mathbb{R}^{m_n}$是连续可微的非线性向量值函数,$A_z\in\mathbb{R}^{m_n\times m_n}$是控制输入,$u(t)\in\mathbb{R}^{m_n}$为系数矩阵。

定义 5.1 称异维混沌系统(5-8)和(5-6)是同步的,如果它们满足

$$\lim_{t\to\infty}\|z(t)-y(t)\|=\lim_{t\to\infty}\|z(t)-x_n(t)\|=0 \tag{5-9}$$

接下来介绍几个在后续研究中有着重要作用的引理。

引理 5.1[53] 对任意使得下列积分有意义的 $\ell\times\ell$ 阶常数矩阵 $R>0$,标量 $\tau_1\leqslant\tau(t)\leqslant\tau_2$及向量值函数 $x:[-\tau_2,-\tau_1]\to\mathbb{R}^\ell$, 恒有

$$-(\tau_2-\tau_1)\int_{t-\tau_2}^{t-\tau_1}\dot{x}^{\mathrm{T}}(s)R\dot{x}(v)\mathrm{d}v\leqslant\begin{pmatrix}x(t-\tau_1)\\x(t-\tau_2)\end{pmatrix}^{\mathrm{T}}\begin{pmatrix}-R & R\\ * & -R\end{pmatrix}\begin{pmatrix}x(t-\tau_1)\\x(t-\tau_2)\end{pmatrix}$$

引理 5.2[54] 对给定的 $\ell\times\ell$ 阶矩阵 $R>0$ 和任意的连续可微的向量值函数 $w:[a,b]\to\mathbb{R}^\ell$,下列不等式成立

$$\int_a^b\dot{w}^{\mathrm{T}}(u)R\dot{w}(v)\mathrm{d}v\geqslant\frac{1}{b-a}(w(b)-w(a))^{\mathrm{T}}R(w(b)-w(a))+\frac{3}{b-a}\Xi^{\mathrm{T}}R\Xi$$

其中

$$\Xi=w(b)+w(a)-\frac{2}{b-a}\int_a^b w(v)\mathrm{d}v$$

引理 5.3[55] 设$\mathcal{R}_1,\mathcal{R}_2\in\mathbb{R}^{\ell\times\ell}$均为实对称正定矩阵, $\varpi_1,\varpi_2\in\mathbb{R}^\ell$,且常数$\alpha\in(0,1)$。若存在实数矩阵 $Y_1,Y_2\in\mathbb{R}^{\ell\times\ell}$,使得

$$\begin{pmatrix}Z_1 & U\\ * & Z_2\end{pmatrix}>0$$

则下列不等式成立

$$\mathfrak{F}(\alpha)\geqslant\begin{pmatrix}\varpi_1\\\varpi_2\end{pmatrix}^{\mathrm{T}}\begin{pmatrix}Z_1 & U\\ * & Z_2\end{pmatrix}\begin{pmatrix}\varpi_1\\\varpi_2\end{pmatrix}$$

其中

$$\mathfrak{F}(\alpha)=\frac{1}{\alpha}\varpi_1^{\mathrm{T}}\mathcal{R}_1\varpi_1+\frac{1}{1-\alpha}\varpi_2^{\mathrm{T}}\mathcal{R}_2\varpi_2$$

$$Z_1=\mathcal{R}_1+(1-\alpha)(\mathcal{R}_1-Y_1\mathcal{R}_2^{-1}Y_1^{\mathrm{T}})$$

$$Z_2=\mathcal{R}_2+\alpha(\mathcal{R}_2-Y_2\mathcal{R}_1^{-1}Y_2^{\mathrm{T}})$$

$$U=\alpha Y_1+(1-\alpha)Y_2$$

引理 5.4[55] 对矩阵 $X\in\mathbb{R}^{\ell\times\ell}$和 $\Omega\in\mathbb{R}^{\ell\times\ell}$,如果 $\Omega>0$, $X^{\mathrm{T}}=X$,那么下面的

不等式成立

$$-X\Omega^{-1}X \leqslant \mu^2\Omega - 2\mu X$$

其中,μ 是任意的正常数。

5.3 网络同步控制方案的设计

下面,针对前面提到的两个维数不同的混沌系统(5-6)和(5-8),设计一种基于事件触发机制的网络同步控制方案,使得式(5-9)成立。这一目标将分三步来实现,首先,详细介绍一种新的切换型事件触发网络控制机制。然后,为响应系统构造一个基于事件触发机制的降维观测器,以估计驱动系统的中无法获取的状态。最后,设计一个基于事件触发机制的网络同步控制器。

5.3.1 切换型事件触发机制

为了减轻网络通信中网络宽带的负荷,在网络通信系统的传感器和控制器之间设置了一个切换型事件触发器(Switching event-triggered generator)。该通信方案的框架如图 5.1 所示。

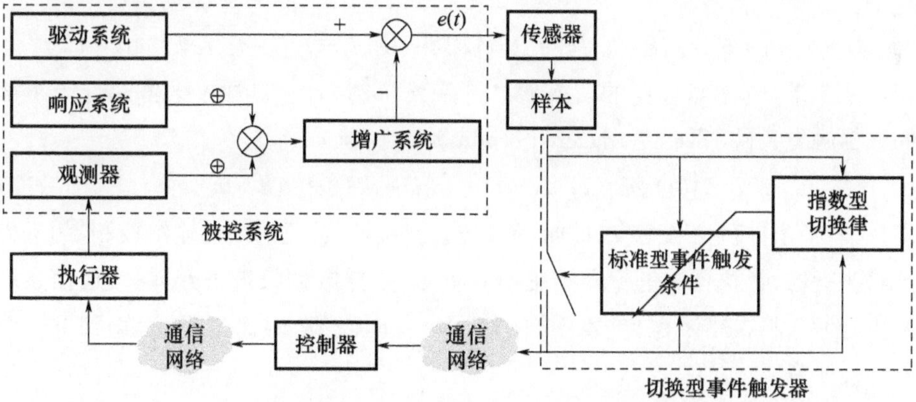

图 5.1 基于切换型事件触发机制的网络同步通信框架图

假设采样器对同步误差 $\boldsymbol{e}(t)$ 以恒定周期 $h>0$ 进行周期性采样,采样序列由 $\mathbb{S}=\{0h,1h,2h,3h,\cdots\}$ 表示。事件触发的时间序列 $\{t_k\}$ 定义为

$$t_{k+1}h = t_k h + \min_{l\in\mathbf{Z}^+}\{lh \mid \boldsymbol{\delta}_k^{\mathrm{T}}(t)\boldsymbol{\Phi}\boldsymbol{\delta}_k(t) > \boldsymbol{\sigma}(t)e^{\mathrm{T}}(t_k h + lh)\boldsymbol{\Phi}\boldsymbol{e}(t_k h + lh)\} \tag{5-10}$$

其中,$\boldsymbol{\delta}_k(t)=\boldsymbol{e}(t_k h+lh)-\boldsymbol{e}(t_k h)$,$t_k\in\mathbb{S}$, $t_0=0$。$\boldsymbol{\Phi}>\boldsymbol{0}$ 是触发条件中的权矩阵,

将在后面进行设计，决定事件触发频率的阈值参数 $\sigma(t)\in[0,1]$ 通过以下的指数型切换律进行在线更新

$$\sigma(t)=\begin{cases}\sigma_1, \boldsymbol{\delta}_k^{\mathrm{T}}(t)\boldsymbol{\delta}_k(t)>\gamma_1\exp(-\gamma_2 t)\\ \sigma_2, \boldsymbol{\delta}_k^{\mathrm{T}}(t)\boldsymbol{\delta}_k(t)\leqslant\gamma_1\exp(-\gamma_2 t)\end{cases} \tag{5-11}$$

其中，$\sigma_1,\sigma_2,\gamma_1$ 和 γ_2 均为正常数，且 $0\leqslant\sigma_1\leqslant\sigma_2\leqslant 1$。

通过式(5-10)和式(5-11)可以得到以下的事件触发时间序列

$$\mathbb{S}_1=\{0,t_1h,t_2h,\cdots,t_kh,\cdots\}\subseteq\mathbb{S}$$

易知，$\lim\limits_{k\to\infty}t_k=+\infty$。

在网络通信的过程中，网络传输延迟对系统的影响是不可忽视的。在本方案中，将传感器到控制器的延迟，控制器到执行器的延迟，以及事件触发时刻 t_kh 的计算延迟合并为 τ_k，假设 $\tau_k\in[\underline{\tau},\overline{\tau}]$，其中，$\underline{\tau}$ 和 $\overline{\tau}$ 都是正常数。那么，网络同步误差 $\boldsymbol{e}(t_0h),\boldsymbol{e}(t_1h),\boldsymbol{e}(t_2h)$，…分别会在 $t_0h+\tau_0$，$t_1h+\tau_1$，$t_2h+\tau_2$，…时刻到达执行器。显然，执行器中每一个样本的保持时段 $D_k=[t_kh+\tau_{t_k},t_{k+1}h+\tau_{t_{k+1}})$ 都可以分为几个子区间，即

$$D_k=D_k^1\cup D_k^2\cup\cdots\cup D_k^l\cup\cdots\cup D_k^{l_k}$$

其中

$$D_k^l=[i_kh+\tau_{t_k}^{l-1},i_kh+h+\tau_{t_k}^{l}),l=1,2,\cdots,l_k,l_k=t_{k+1}-t_k,i_k=t_k+l-1。$$

注 5.2 在本章设计的切换型事件触发机制中，一旦样本数据违反了下面的事件触发条件(Event-triggered condition)

$$\boldsymbol{\delta}_k^{\mathrm{T}}(t)\boldsymbol{\Phi}\boldsymbol{\delta}_k(t)\leqslant\sigma(t)\boldsymbol{e}^{\mathrm{T}}(t_kh+lh)\boldsymbol{\Phi}\boldsymbol{e}(t_kh+lh) \tag{5-12}$$

那么，一个事件就会被触发，此时，传感器会将样本通过网络传输给控制器，进而传给执行器，让执行器进行样本更新。否则，采样数据将被丢弃，网络通信系统的控制输入将在零阶保持(ZOH)的作用下在时段 D_k 内保持不变，直到下一个事件被触发。

图 5.2 给出了考虑网络延时，基于周期采样的事件触发机制作用下的网络通信系统的时间演化图。图 5.2 中，采样时刻 $0,2h,6h$ 和 $7h$ 的采样数据违背了事件触发条件(5-12)，因此这些时刻的采样数据将会通过网络传给执行器。相应地，在执行器端，数据到达时刻分别为 $0+\tau_0$，$2h+\tau_2$，$6h+\tau_6$ 和 $7h+\tau_7$。另外，值得一提的是，因为两次事件触发的间隔 $t_{k1}h-t_kh$ 存在下限 $h>0$，所以我们设计的切换型事件触发机制可以有效地避免 Zeno 行为。

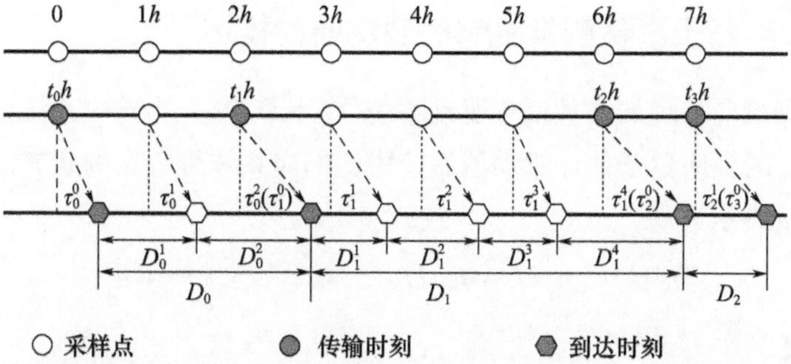

图 5.2 考虑网络延迟的事件触发机制作用下的网络同步通信数据传输时间演化图

对任意 $t\in D_k^l$，记 $\tau(t)=t-(t_k+l)h$，可得 $\boldsymbol{e}(t_kh+lh)=\boldsymbol{e}(t-\tau(t))$，以及

$$\underline{\tau}\leqslant\tau_m\triangleq min\{\tau_k\}\leqslant\tau(t)\leqslant h+max\{\tau_k\}\triangleq\tau_M$$

相应地，事件触发条件(5－12)就等价为

$$\boldsymbol{\delta}_k^{\mathrm{T}}(t)\boldsymbol{\Phi}\boldsymbol{\delta}_k(t)\leqslant\sigma(t)\boldsymbol{e}^{\mathrm{T}}(t-\tau(t))\boldsymbol{\Phi}\boldsymbol{e}(t-\tau(t)) \tag{5-13}$$

本章提出的切换型事件触发机制是在传统的标准型事件触发机制的基础上增加了指数型切换律，即该方法考虑了采样数据的相对误差对同步性能的影响，也考虑了采样数据的绝对误差的同步性能的影响。当样本的绝对误差超出某个快速衰减的指数函数时，相对误差的阈值参数 $\sigma(t)$ 就取较小的值 σ_1 以确保良好的同步性能，当绝对误差小于上述指数函数时，$\sigma(t)$ 就取较大的值 σ_2 以滤除更多的无用样本，进一步降低事件触发的频率，提高数据筛选能力。

通过选取特殊的参数值，该切换型事件触发机制可以退化为其他的触发机制。

(1)取 $\gamma_2=0$，则带有指数边界的参数自适应律(5－11)将化为

$$\sigma(t)=\begin{cases}\sigma_1,\boldsymbol{\delta}_k^{\mathrm{T}}(t)\boldsymbol{\delta}_k(t)>\gamma_1\\ \sigma_2,\boldsymbol{\delta}_k^{\mathrm{T}}(t)\boldsymbol{\delta}_k(t)\leqslant\gamma_1\end{cases}$$

此时，相应的事件触发机制等价于具有自适应律(5－4)的事件触发条件(5－12)。

(2)取 $\gamma_2=0,\sigma_1=\sigma_2$，则具有切换律(5－11)的事件触发条件(5－12)将退化为常规的标准型事件触发条件。

$$\boldsymbol{\delta}^{\mathrm{T}}k(t)\boldsymbol{\Phi}\delta_k(t)\leqslant\sigma(t)\boldsymbol{e}^{\mathrm{T}}(t_kh+lh)\boldsymbol{\Phi}\boldsymbol{e}(t_kh+lh)$$

(3)取 $\gamma_2=0,\sigma_1=\sigma_2=0$ 时，上述事件触发机制就进一步退化为普通的周期性时间触发机制。

5.3.2 基于事件触发机制的观测器的构造

注意到响应系统的维数低于驱动系统,在本节中,先为响应系统设计一个维数为 $s-m_n$ 的观测器来估计驱动器系统中比响应系统维数高的状态。将观测器的状态向量表示为

$$\boldsymbol{\eta}(t)=[\boldsymbol{\eta}_1^{\mathrm{T}}(t),\boldsymbol{\eta}_2^{\mathrm{T}}(t),\cdots,\boldsymbol{\eta}_{n-1}^{\mathrm{T}}(t)]^{\mathrm{T}}\in\mathbb{R}^{s-m_n}$$

其中,$\boldsymbol{\eta}_i(t)\in\mathbb{R}^{m_i},i=1,2,\cdots,n-1$ 。

在此基础上,将增广响应系统的状态定义为 $\overline{\boldsymbol{\eta}}(t)=[\boldsymbol{\eta}^{\mathrm{T}}(t),z^{\mathrm{T}}(t)]^{\mathrm{T}}$。

令 $\boldsymbol{e}(t)=\overline{\boldsymbol{\eta}}(t)-\boldsymbol{x}(t)$,不难看出,一旦 $\lim\limits_{t\to\infty}\|\boldsymbol{e}(t)\|=0$,则

$$\lim_{t\to\infty}\|z(t)-x_n(t)\|=0$$

即驱动系统和响应系统是同步的。

为方便分析, 将驱动系统的系数矩阵 $\boldsymbol{A}$ 分解为

$$\boldsymbol{A}=\begin{pmatrix}\boldsymbol{A}_{11} & \boldsymbol{A}_{12} & \cdots & \boldsymbol{A}_{1n}\\ \boldsymbol{A}_{21} & \boldsymbol{A}_{22} & \cdots & \boldsymbol{A}_{2n}\\ \vdots & \vdots & & \vdots\\ \boldsymbol{A}_{n1} & \boldsymbol{A}_{n2} & \cdots & \boldsymbol{A}_{nn}\end{pmatrix}$$

其中,$\boldsymbol{A}_{ij}\in\mathbb{R}^{m_i\times m_j},i,j=1,2,\cdots,n$。

为了实现低维响应系统与高维驱动系统的网络同步,在事件触发机制的基础上,设计如下的增维观测器:

$$\dot{\boldsymbol{\eta}}_i(t)=\sum_{j=1}^{n-1}\boldsymbol{A}_{ij}\boldsymbol{\eta}_j(t)+\boldsymbol{A}_{in}z(t)+\boldsymbol{f}_i(\overline{\boldsymbol{\eta}}(t))-\boldsymbol{K}_i(z(t_kh)-y(t_kh)),t\in D_k \tag{5-14}$$

其中,t_kh 表示第 k 个样本更新时刻(即事件触发时刻), $\boldsymbol{K}_i\in\mathbb{R}^{m_i\times m_j}$表示观测器增益矩阵,它将在后续被设计,$i=1,2,\cdots,n-1$。

5.3.3 基于观测器的网络同步控制器的设计

对混沌同步问题而言,驱动系统与响应系统的同步问题可以等价转为相应的同步误差系统的稳定性问题。因此,为保证

$$\lim_{t\to\infty}\|\boldsymbol{e}(t)\|=0$$

在观测器(5-18)的基础上,为低维响应系统(5-8)设计如下的事件触发网络同步控制器

$$\boldsymbol{u}(t) = \sum_{j=1}^{n-1}\boldsymbol{A}_{nj}\boldsymbol{\eta}_j(t) + (\boldsymbol{A}_{nn} - \boldsymbol{A}_z)\boldsymbol{z}(t) + (\boldsymbol{f}_n(\overline{\eta}(t)) - \boldsymbol{g}(z(t)))$$
$$- \boldsymbol{K}_n(z(t_kh) - y(t_kh)) \tag{5-15}$$

其中,$t \in D_k$,控制增益矩阵 $\boldsymbol{K}_n \in \mathbb{R}^{m_n \times m_n}$将在后续被设计。

在控制器(5-15)的作用下,增广响应系统可以表示为

$$\dot{\overline{\boldsymbol{\eta}}}(t) = \overline{\boldsymbol{A}\boldsymbol{\eta}}(t) + \boldsymbol{f}(\overline{\boldsymbol{\eta}}(t)) - \boldsymbol{K}(z(t_kh) - y(t_kh)),\ t \in D_k \tag{5-16}$$

其中

$$\boldsymbol{K} = [\boldsymbol{K}_1^{\mathrm{T}}, \boldsymbol{K}_2^{\mathrm{T}}, \cdots, \boldsymbol{K}_n^{\mathrm{T}}]^{\mathrm{T}}$$

进而可以得到增广响应系统(5-16)和驱动系统(5-6)之间的网络同步误差系统

$$\dot{\boldsymbol{e}}(t) = \dot{\overline{\boldsymbol{\eta}}}(t) - \dot{\boldsymbol{x}}(t) = \boldsymbol{A}\boldsymbol{e}(t) + \boldsymbol{h}(t) - \boldsymbol{K}(z(t_kh) - y(t_kh)),\ t \in D_k$$

其中

$$\boldsymbol{h}(t) = \boldsymbol{f}(\overline{\boldsymbol{\eta}}(t)) - \boldsymbol{f}(\boldsymbol{x}(t)) \tag{5-17}$$

结合 $\boldsymbol{\delta}(t) = \boldsymbol{e}(t_kh) - \boldsymbol{e}(t - \tau(t))$ 及 $\boldsymbol{z}(t_kh) - \boldsymbol{y}(t_kh) = \boldsymbol{C}\boldsymbol{e}(t_kh)$,可得

$$\dot{\boldsymbol{e}}(t) = \boldsymbol{A}\boldsymbol{e}(t) + \boldsymbol{h}(t) - \boldsymbol{K}\boldsymbol{C}[\boldsymbol{\delta}_k(t) + e(t - \tau(t))],\ t \in D_k \tag{5-18}$$

5.4 主要结果

在介绍本章的主要结果之前,为方便叙述,引入下列符号:

$$\xi(t) = [\boldsymbol{e}^{\mathrm{T}}(t), \boldsymbol{e}^{\mathrm{T}}(t - \tau_m), \boldsymbol{e}^{\mathrm{T}}(t - \tau(t)), \boldsymbol{e}^{\mathrm{T}}(t - \tau_M), \boldsymbol{\delta}_k^{\mathrm{T}}(t), \boldsymbol{h}^{\mathrm{T}}(t)$$
$$\frac{1}{\tau(t)}\int_{t-\tau(t)}^{t} \boldsymbol{e}^{\mathrm{T}}(s)\,\mathrm{d}s, \frac{1}{\tau_M - \tau(t)}\int_{t-\tau_M}^{t-\tau(t)} \boldsymbol{e}^{\mathrm{T}}(s)\,\mathrm{d}s]^{\mathrm{T}}$$
$$\boldsymbol{\mathcal{A}} = [\boldsymbol{A}, \boldsymbol{O}_{s\times s}, -\boldsymbol{K}\boldsymbol{C}, \boldsymbol{O}_{s\times s}, -\boldsymbol{K}\boldsymbol{C}, \boldsymbol{I}_s, \boldsymbol{O}_{s\times 2s}]$$
$$\boldsymbol{\varGamma} = [\boldsymbol{P}\boldsymbol{A}, \boldsymbol{O}_{s\times s}, -\boldsymbol{Y}\boldsymbol{C}, \boldsymbol{O}_{s\times s}, -\boldsymbol{Y}\boldsymbol{C}, \boldsymbol{P}, \boldsymbol{O}_{s\times 2s}]$$
$$\Delta_i = [\boldsymbol{O}_{s\times(i-1)s}, \boldsymbol{I}_s, \boldsymbol{O}_{s\times(8-i)s}],\ i = 1,2,\cdots,8$$
$$\widetilde{\boldsymbol{R}} = \tau_m^2\boldsymbol{R}_1 + \tau_M^2\boldsymbol{R}_2$$

及

$$\overline{\boldsymbol{R}} = \begin{pmatrix} \boldsymbol{R}_2 & 0 \\ 0 & 3\boldsymbol{R}_2 \end{pmatrix}$$

$$\boldsymbol{W}_1 = \begin{pmatrix} \Delta_1 - \Delta_3 \\ \Delta_1 + \Delta_3 - 2\Delta_7 \end{pmatrix}$$

$$W_2 = \begin{pmatrix} \Delta_3 - \Delta_4 \\ \Delta_3 + \Delta_4 - 2\Delta_8 \end{pmatrix}$$

定理 5.1 对于给定的严格正实数 τ_m, τ_M 和 θ,若存在实对称正定矩阵 $\boldsymbol{P}$, $\boldsymbol{Q}_\iota, \boldsymbol{R}_\iota$, $\boldsymbol{\Phi}, \boldsymbol{Y}$ 和实矩阵$\overline{\boldsymbol{Y}}_\iota$, $\iota = 1,2$,使得下列线性矩阵不等式成立

$$\begin{pmatrix} \boldsymbol{\Pi} & \boldsymbol{\mathcal{A}}^{\mathrm{T}}\boldsymbol{P} \\ * & -2\mu\boldsymbol{P} + \mu^2\widetilde{\boldsymbol{R}} \end{pmatrix} < \boldsymbol{0} \tag{5-19}$$

$$\begin{pmatrix} \widetilde{\boldsymbol{Z}}_{11} & \widetilde{\boldsymbol{Z}}_{12} \\ * & \widetilde{\boldsymbol{Z}}_{22} \end{pmatrix} > \boldsymbol{0} \tag{5-20}$$

$$\begin{aligned} \boldsymbol{\Pi} = {} & \boldsymbol{\Delta}_1^{\mathrm{T}}\boldsymbol{\Gamma} + \boldsymbol{\Gamma}^{\mathrm{T}}\boldsymbol{\Delta}_1 + \mathrm{diag}\{\boldsymbol{Q}_1 + \boldsymbol{Q}_2 + \boldsymbol{\Psi}, -\boldsymbol{Q}_1, \theta\sigma_2\boldsymbol{\Phi}, -\boldsymbol{Q}_2, -\theta\boldsymbol{\Phi}, -\boldsymbol{I}_s, \boldsymbol{0}, \boldsymbol{0}\} \\ & + \begin{pmatrix} \boldsymbol{\Delta}_1 \\ \boldsymbol{\Delta}_2 \end{pmatrix}^{\mathrm{T}} \begin{pmatrix} -\boldsymbol{R}_1 & \boldsymbol{R}_1 \\ * & -\boldsymbol{R}_1 \end{pmatrix} \begin{pmatrix} \boldsymbol{\Delta}_1 \\ \boldsymbol{\Delta}_2 \end{pmatrix} - \begin{pmatrix} \boldsymbol{W}_1 \\ \boldsymbol{W}_2 \end{pmatrix}^{\mathrm{T}} \begin{pmatrix} \widetilde{\boldsymbol{Z}}_{11} & \widetilde{\boldsymbol{Z}}_{12} \\ * & \widetilde{\boldsymbol{Z}}_{22} \end{pmatrix} \begin{pmatrix} \boldsymbol{W}_1 \\ \boldsymbol{W}_2 \end{pmatrix} \end{aligned} \tag{5-21}$$

且

$$\begin{aligned} \widetilde{\boldsymbol{Z}}_{11} &= \overline{\boldsymbol{R}} + (1-\alpha)(\overline{\boldsymbol{R}} - \overline{\boldsymbol{Y}}_1\overline{\boldsymbol{R}}^{-1}\overline{\boldsymbol{Y}}_1^{\mathrm{T}}) \\ \widetilde{\boldsymbol{Z}}_{22} &= \overline{\boldsymbol{R}} + \alpha(\overline{\boldsymbol{R}} - \overline{\boldsymbol{Y}}_2\overline{\boldsymbol{R}}^{-1}\overline{\boldsymbol{Y}}_2^{\mathrm{T}}) \\ \widetilde{\boldsymbol{Z}}_{12} &= \alpha\overline{\boldsymbol{Y}}_1 + (1-\alpha)\overline{\boldsymbol{Y}}_2 \end{aligned}$$

因此,在基于切换型事件触发机制的控制器(5-15)的作用下,异维混沌系统(5-6)和(5-8)可以实现网络同步,并且反馈控制增益矩阵 $\boldsymbol{K} = \boldsymbol{P}^{-1}\boldsymbol{Y}$。

证明:构造下面的 Lyapunov 函数

$$V(t) = V_1(t) + V_2(t) + V_3(t),\ t \in D_k^l$$

其中,

$$V_1(t) = e^{\mathrm{T}}(t)\boldsymbol{P}\boldsymbol{e}(t)$$

$$V_2(t) = \int_{t-\tau_m}^{t} \boldsymbol{e}^{\mathrm{T}}(s)\boldsymbol{Q}_1\boldsymbol{e}(s)\mathrm{d}s + \int_{t-\tau_M}^{t} \boldsymbol{e}^{\mathrm{T}}(s)\boldsymbol{Q}_2 e(s)\mathrm{d}s$$

$$V_3(t) = \tau_m \int_{t-\tau_m}^{t} \mathrm{d}s \int_s^t \dot{e}^{\mathrm{T}}(v)\boldsymbol{R}_1\dot{\boldsymbol{e}}(v)\mathrm{d}v + \tau_M \int_{t-\tau_M}^{t} \mathrm{d}s \int_s^t \dot{\boldsymbol{e}}^{\mathrm{T}}(v)R_2\dot{\boldsymbol{e}}(v)\mathrm{d}v$$

分别对函数 $V_1(t)$ 和 $V_2(t)$ 沿着误差系统(5-18)求导,可得

$$\dot{V}_1(t) = 2e^{\mathrm{T}}(t)\boldsymbol{P}\boldsymbol{\mathcal{A}}\xi(t) \tag{5-22}$$

$$\begin{aligned} \dot{V}_2(t) = {} & \boldsymbol{e}^{\mathrm{T}}(t)(\boldsymbol{Q}_1 + \boldsymbol{Q}_2)\boldsymbol{e}(t) - \boldsymbol{e}^{\mathrm{T}}(t-\tau_m)\boldsymbol{Q}_1\boldsymbol{e}(t-\tau_m) \\ & - \boldsymbol{e}^{\mathrm{T}}(t-\tau_M)\boldsymbol{Q}_2\boldsymbol{e}(t-\tau_M) \end{aligned} \tag{5-23}$$

与此同时,对函数 $V_3(t)$ 关于时间求导,可得

$$\dot{V}_3(t) = -\tau_m \int_{t-\tau_m}^{t} \dot{\boldsymbol{e}}^{\mathrm{T}}(s)\boldsymbol{R}_1\dot{\boldsymbol{e}}(s)\mathrm{d}s - \tau_M \int_{t-\tau_M}^{t} \dot{\boldsymbol{e}}^{\mathrm{T}}(s)\boldsymbol{R}_1\dot{\boldsymbol{e}}(s)\mathrm{d}s$$

$$+\dot{\boldsymbol{e}}^{\mathrm{T}}(t)(\tau_m^2\boldsymbol{R}_1+\tau_M^2\boldsymbol{R}_2)\dot{\boldsymbol{e}}(t) \tag{5-24}$$

利用引理5.1,有

$$\begin{aligned}&-\tau_m\int_{t-\tau_m}^{t}\dot{\boldsymbol{e}}^{\mathrm{T}}(s)\boldsymbol{R}_1\dot{\boldsymbol{e}}(s)\,\mathrm{d}s\\&\leqslant\begin{pmatrix}\xi_1(t)\\\xi_2(t)\end{pmatrix}^{\mathrm{T}}\begin{pmatrix}-\boldsymbol{R}_1&\boldsymbol{R}_1\\\boldsymbol{R}_1&-\boldsymbol{R}_1\end{pmatrix}\begin{pmatrix}\xi_1^{\mathrm{T}}(t)\\\xi_2^{\mathrm{T}}(t)\end{pmatrix}\\&=\xi^{\mathrm{T}}(t)\begin{pmatrix}\boldsymbol{\Delta}_1\\\boldsymbol{\Delta}_2\end{pmatrix}^{\mathrm{T}}\begin{pmatrix}-\boldsymbol{R}_1&\boldsymbol{R}_1\\\boldsymbol{R}_1&-\boldsymbol{R}_1\end{pmatrix}\begin{pmatrix}\boldsymbol{\Delta}_1\\\boldsymbol{\Delta}_2\end{pmatrix}\xi(t)\end{aligned} \tag{5-25}$$

通过引理5.2

$$\begin{aligned}&-\tau_M\int_{t-\tau_M}^{t}\dot{\boldsymbol{e}}^{\mathrm{T}}(s)\boldsymbol{R}_2\dot{\boldsymbol{e}}(s)\,\mathrm{d}s\\&=-\tau_M\int_{t-\tau(t)}^{t}\dot{\boldsymbol{e}}^{\mathrm{T}}(s)\boldsymbol{R}_2\dot{\boldsymbol{e}}(s)\,\mathrm{d}s-\tau_M\int_{t-\tau_M}^{t-\tau(t)}\dot{\boldsymbol{e}}^{\mathrm{T}}(s)\boldsymbol{R}_2\dot{\boldsymbol{e}}(s)\,\mathrm{d}s\\&\leqslant-\frac{\tau_M}{\tau(t)}\boldsymbol{\xi}^{\mathrm{T}}(t)(\boldsymbol{\Delta}_1-\boldsymbol{\Delta}_3)^{\mathrm{T}}\boldsymbol{R}_2(\boldsymbol{\Delta}_1-\boldsymbol{\Delta}_3)\boldsymbol{\xi}(t)\\&-\frac{3\tau_M}{\tau(t)}\boldsymbol{\xi}^{\mathrm{T}}(t)(\boldsymbol{\Delta}_1+\boldsymbol{\Delta}_3-2\boldsymbol{\Delta}_7)^{\mathrm{T}}\boldsymbol{R}_2(\boldsymbol{\Delta}_1+\boldsymbol{\Delta}_3-2\boldsymbol{\Delta}_7)\xi(t)\\&-\frac{\tau_M}{\tau_M-\tau(t)}\boldsymbol{\xi}^{\mathrm{T}}(t)(\boldsymbol{\Delta}_3-\boldsymbol{\Delta}_4)^{\mathrm{T}}\boldsymbol{R}_2(\Delta_3-\Delta_4)\boldsymbol{\xi}(t)\\&-\frac{3\tau_M}{\tau_M-\tau(t)}\boldsymbol{\xi}^{\mathrm{T}}(t)(\boldsymbol{\Delta}_3+\boldsymbol{\Delta}_4-2\boldsymbol{\Delta}_8)^{\mathrm{T}}\boldsymbol{R}_2(\boldsymbol{\Delta}_3+\boldsymbol{\Delta}_4-2\boldsymbol{\Delta}_8)\boldsymbol{\xi}(t)\\&=-\frac{1}{\alpha}\boldsymbol{\xi}^{\mathrm{T}}(t)\boldsymbol{W}_1^{\mathrm{T}}\overline{\boldsymbol{R}}\boldsymbol{W}_1\boldsymbol{\xi}(t)-\frac{1}{1-\alpha}\boldsymbol{\xi}^{\mathrm{T}}(t)\boldsymbol{W}_2^{\mathrm{T}}\overline{\boldsymbol{R}}\boldsymbol{W}_2\boldsymbol{\xi}(t)\end{aligned} \tag{5-26}$$

其中

$$\alpha=\frac{\tau(t)}{\tau_M}$$

根据引理5.3可推出

$$\begin{aligned}&-\tau_M\int_{t-\tau_M}^{t}\dot{e}^{\mathrm{T}}(s)\boldsymbol{R}_2\dot{\boldsymbol{e}}(s)\,\mathrm{d}s\\&\leqslant-\xi^{\mathrm{T}}(t)\begin{pmatrix}\boldsymbol{W}_1\\\boldsymbol{W}_2\end{pmatrix}^{\mathrm{T}}\begin{pmatrix}\overline{\boldsymbol{Z}}_{11}&\overline{\boldsymbol{Z}}_{12}\\ *&\overline{\boldsymbol{Z}}_{22}\end{pmatrix}\begin{pmatrix}\boldsymbol{W}_1\\\boldsymbol{W}_2\end{pmatrix}\boldsymbol{\xi}(t)\end{aligned} \tag{5-27}$$

综合式(5-24)~式(5-27),可以得到下面的不等式

$$\dot{V}_3(t)\leqslant\dot{\boldsymbol{e}}^{\mathrm{T}}(t)(\tau_m^2\boldsymbol{R}_1+\tau_M^2\boldsymbol{R}_2)\dot{\boldsymbol{e}}(t)$$

$$-\xi^{\mathrm{T}}(t)\begin{pmatrix}W_1\\W_2\end{pmatrix}^{\mathrm{T}}\begin{pmatrix}\bar{Z}_{11}&\bar{Z}_{12}\\ *&\bar{Z}_{22}\end{pmatrix}\begin{pmatrix}W_1\\W_2\end{pmatrix}\xi(t)$$

$$+\begin{pmatrix}\xi_1^{\mathrm{T}}(t)\\ \xi_2^{\mathrm{T}}(t)\end{pmatrix}^{\mathrm{T}}\begin{pmatrix}-\boldsymbol{R}_1&\boldsymbol{R}_1\\ \boldsymbol{R}_1&-\boldsymbol{R}_1\end{pmatrix}\cdot\begin{pmatrix}\xi_1(t)\\ \xi_2(t)\end{pmatrix}\qquad(5-28)$$

由式(5－7)和式(5－17)可知

$$\boldsymbol{e}^{\mathrm{T}}(t)\boldsymbol{\Psi e}(t)-\boldsymbol{h}^{\mathrm{T}}(t)\boldsymbol{h}(t)\geqslant 0$$

结合条件 $\sigma(t)\leqslant\sigma_2$ 及事件触发条件式(5－15)可知，对任意 $t\in D_k^l$，下面不等式成立

$$\sigma_2\boldsymbol{e}^{\mathrm{T}}(t-\tau(t))\boldsymbol{\Phi e}(t-\tau(t))-\boldsymbol{\delta}_k^{\mathrm{T}}(t)\boldsymbol{\Phi}\delta_k(t)\geqslant 0$$

在上述推导结果的基础上，结合式(5－22)～式(5－23)，以及式(5－28)～式(5－30)，可进一步推导出

$$\begin{aligned}\dot{V}(t)\leqslant&2\boldsymbol{e}^{\mathrm{T}}(t)\boldsymbol{P}\boldsymbol{\mathcal{A}}\boldsymbol{\xi}(t)+\boldsymbol{e}^{\mathrm{T}}(t)(\boldsymbol{Q}_1+\boldsymbol{Q}_2)\boldsymbol{e}(t)-\boldsymbol{e}^{\mathrm{T}}(t-\tau_m)\boldsymbol{Q}_1\boldsymbol{e}(t-\tau_m)\\&-\boldsymbol{e}^{\mathrm{T}}(t-\tau_M)\boldsymbol{Q}_2\boldsymbol{e}(t-\tau_M)+\boldsymbol{e}^{\mathrm{T}}(t)\boldsymbol{\Psi e}(t)-h^{\mathrm{T}}(t)h(t)\\&+\xi^{\mathrm{T}}(t)\boldsymbol{\mathcal{A}}^{\mathrm{T}}(\tau_m^2\boldsymbol{R}_1+\tau_M^2\boldsymbol{R}_2)\boldsymbol{\mathcal{A}}\xi(t)\\&-\xi^{\mathrm{T}}(t)\begin{pmatrix}\boldsymbol{W}_1\\ \boldsymbol{W}_2\end{pmatrix}^{\mathrm{T}}\begin{pmatrix}\bar{\boldsymbol{Z}}_{11}&\bar{\boldsymbol{Z}}_{12}\\ *&\bar{\boldsymbol{Z}}_{22}\end{pmatrix}\begin{pmatrix}\boldsymbol{W}_1\\ \boldsymbol{W}_2\end{pmatrix}\xi(t)\\&+\begin{pmatrix}\xi_1^{\mathrm{T}}(t)\\ \xi_2^{\mathrm{T}}(t)\end{pmatrix}^{\mathrm{T}}\begin{pmatrix}-\boldsymbol{R}_1&\boldsymbol{R}_1\\ \boldsymbol{R}_1&-\boldsymbol{R}_1\end{pmatrix}\begin{pmatrix}\xi_1(t)\\ \xi_2(t)\end{pmatrix}\cdot\\&\theta[\sigma_2\boldsymbol{e}^{\mathrm{T}}(t-\tau(t))\boldsymbol{\Phi e}(t-\tau(t))-\delta_k^{\mathrm{T}}(t)\boldsymbol{\Phi}\delta_k(t)]\\&=\xi^{\mathrm{T}}\bar{\boldsymbol{\Pi}}\xi(t)\end{aligned}$$

其中

$$\begin{aligned}\bar{\boldsymbol{\Pi}}=&\boldsymbol{\Delta}_1^{\mathrm{T}}\boldsymbol{P}\boldsymbol{\mathcal{A}}+\boldsymbol{\mathcal{A}}^{\mathrm{T}}\boldsymbol{P}\Delta_1+\mathrm{diag}\{\boldsymbol{Q}_1+\boldsymbol{Q}_2+\boldsymbol{\Psi},-\boldsymbol{Q}_1,\theta\sigma_2\boldsymbol{\Phi},-\boldsymbol{Q}_2,-\theta\boldsymbol{\Phi},-\boldsymbol{I}_s,\boldsymbol{0},\boldsymbol{0}\}\\&+\boldsymbol{\mathcal{A}}^{\mathrm{T}}\tilde{\boldsymbol{R}}\boldsymbol{\mathcal{A}}+\begin{pmatrix}\boldsymbol{\Delta}\\ \boldsymbol{\Delta}_2\end{pmatrix}^{\mathrm{T}}\begin{pmatrix}-\boldsymbol{R}_1&\boldsymbol{R}_1\\ *&-\boldsymbol{R}_1\end{pmatrix}\begin{pmatrix}\boldsymbol{\Delta}_1\\ \boldsymbol{\Delta}_2\end{pmatrix}-\begin{pmatrix}\boldsymbol{W}_1\\ \boldsymbol{W}_2\end{pmatrix}^{\mathrm{T}}\begin{pmatrix}\bar{\boldsymbol{Z}}_{11}&\bar{\boldsymbol{Z}}_{12}\\ *&\bar{\boldsymbol{Z}}_{22}\end{pmatrix}\begin{pmatrix}\boldsymbol{W}_1\\ \boldsymbol{W}_2\end{pmatrix}\end{aligned}$$

接下来，证明 $\dot{V}(t)<0$。

令 $\boldsymbol{Y}=\boldsymbol{PK}$，则有 $\boldsymbol{\Gamma}=\boldsymbol{P}\boldsymbol{\mathcal{A}}$，从而定理中的条件(5－27)可以改写为

$$\begin{aligned}\boldsymbol{\Pi}=&\boldsymbol{\Delta}_1^{\mathrm{T}}\boldsymbol{P}\boldsymbol{\mathcal{A}}+\boldsymbol{\mathcal{A}}^{\mathrm{T}}\boldsymbol{P}\boldsymbol{\Delta}_1+\mathrm{diag}\{\boldsymbol{Q}_1+\boldsymbol{Q}_2+\boldsymbol{\Psi},-\boldsymbol{Q}_1,\theta\sigma_2\boldsymbol{\Phi},-\boldsymbol{Q}_2,-\theta\boldsymbol{\Phi},-\boldsymbol{I}_s,\boldsymbol{0},\boldsymbol{0}\}\\&+\begin{pmatrix}\boldsymbol{\Delta}\\ \boldsymbol{\Delta}_2\end{pmatrix}^{\mathrm{T}}\begin{pmatrix}-\boldsymbol{R}_1&\boldsymbol{R}_1\\ *&-\boldsymbol{R}_1\end{pmatrix}\begin{pmatrix}\boldsymbol{\Delta}_1\\ \boldsymbol{\Delta}_2\end{pmatrix}-\begin{pmatrix}\boldsymbol{W}_1\\ \boldsymbol{W}_2\end{pmatrix}^{\mathrm{T}}\begin{pmatrix}\bar{\boldsymbol{Z}}_{11}&\bar{\boldsymbol{Z}}_{12}\\ *&\bar{\boldsymbol{Z}}_{22}\end{pmatrix}\begin{pmatrix}\boldsymbol{W}_1\\ \boldsymbol{W}_2\end{pmatrix}\end{aligned}$$

显然

$$\overline{\boldsymbol{\Pi}} = \boldsymbol{\Pi} + \mathcal{A}^{\mathrm{T}}\widetilde{\boldsymbol{R}}\mathcal{A}$$

根据 Schur 补定理可知

$$\overline{\boldsymbol{\Pi}} < 0 \Leftrightarrow \begin{pmatrix} \boldsymbol{\Pi} & \mathcal{A}^{\mathrm{T}}\widetilde{\boldsymbol{R}} \\ * & -\widetilde{\boldsymbol{R}} \end{pmatrix} < 0$$

另一方面,由引理 5.4 可得

$$-\boldsymbol{P}\widetilde{\boldsymbol{R}}^{-1}\boldsymbol{P} \leqslant -2\mu\boldsymbol{P} + \mu^2\widetilde{\boldsymbol{R}}$$

综合前面结果,可以推出下面的不等式

$$\begin{pmatrix} \boldsymbol{\Pi} & \mathcal{A}^{\mathrm{T}}\boldsymbol{P} \\ * & -\boldsymbol{P}\widetilde{\boldsymbol{R}}^{-1}\boldsymbol{P} \end{pmatrix} < 0$$

这等价于

$$\begin{pmatrix} \boldsymbol{I} & \boldsymbol{0} \\ \boldsymbol{0} & \boldsymbol{P}\widetilde{\boldsymbol{R}}^{-1} \end{pmatrix}\begin{pmatrix} \boldsymbol{\Pi} & \boldsymbol{A}^{\mathrm{T}}\widetilde{\boldsymbol{R}} \\ * & -\widetilde{\boldsymbol{R}} \end{pmatrix}\begin{pmatrix} \boldsymbol{I} & \boldsymbol{0} \\ \boldsymbol{0} & \widetilde{\boldsymbol{R}}^{-1}\boldsymbol{P} \end{pmatrix} < 0$$

即

$$\begin{pmatrix} \boldsymbol{\Pi} & \boldsymbol{A}^{\mathrm{T}}\widetilde{\boldsymbol{R}} \\ * & -\widetilde{\boldsymbol{R}} \end{pmatrix} < 0$$

综上所述, 如果定理中条件(5-19)~(5-20)成立, 那么

$$\overline{\boldsymbol{\Pi}} < 0$$

这意味着

$$\dot{V}(t) < 0$$

根据 Lyapunov 稳定性理论可知, 异维混沌系统(5-6)和(5-8)之间实现了网络同步,且控制增益矩阵可通过

$$\boldsymbol{K} = \boldsymbol{P}^{-1}\boldsymbol{Y}$$

求得。

5.5 数值仿真

本节给出一个仿真算例,来说明文中设计的基于切换型事件触发机制的网络同步方案的有效性和优越性。

在该仿真实验中,选取三维的 Chua's 混沌电路系统作为驱动系统,它的相位图如图 5.3 所示,其数学模型可以表示为

$$\begin{cases}\dot{x}_1(t)=p(x_2-\varphi(x_1))\\\dot{x}_2(t)=x_1-x_2+x_3\\\dot{x}_3(t)=-qx_2\\y(t)=[x_2(t),x_3(t)]^{\mathrm{T}}\end{cases}$$

其中，$p=9,q=\dfrac{100}{7},a=-\dfrac{1}{7},b=\dfrac{2}{7},c=1$，且

$$\varphi(x_1)=bx_1+\frac{1}{2}(a-b)(|x_1+c|-|x_1-c|)$$

易知，$\boldsymbol{f}(x)=[-9\varphi(x_1),0,0]^{\mathrm{T}}$，$\boldsymbol{\Psi}=\mathrm{diag}\left\{\left(\dfrac{18}{7}\right)^2,0,0\right\}$及

$$\boldsymbol{A}=\begin{pmatrix}0&9&9\\1&-1&1\\0&-\dfrac{100}{7}&0\end{pmatrix},\boldsymbol{C}=\begin{pmatrix}0&1&0\\0&0&1\end{pmatrix}$$

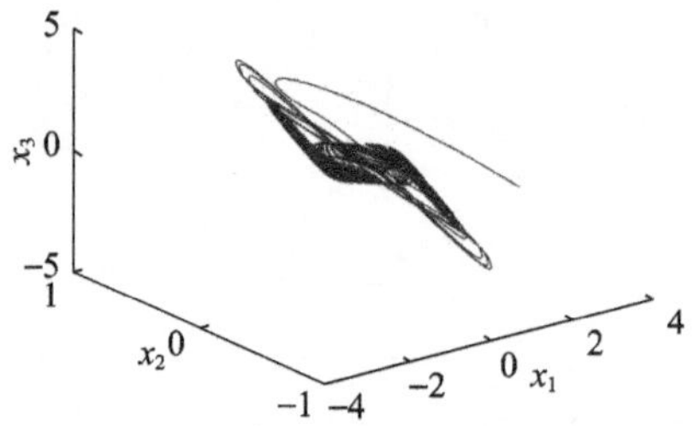

图 5.3　Chua's 电路系统状态时间响应图

注 5.3　显然，在该仿真实验中，选择 $\boldsymbol{\Psi}=\mathrm{diag}\left\{\left(\dfrac{18}{7}\right)^2,0,0\right\}$要比选择 $\boldsymbol{\Psi}=\mathrm{diag}\left\{\left(\dfrac{18}{7}\right)^2,\left(\dfrac{18}{7}\right)^2,\left(\dfrac{18}{7}\right)^2\right\}$ 更精确。

相应地，选取下面的二阶积分系统作为响应系统

$$\begin{cases}\dot{z}_1(t)=z_2+\boldsymbol{u}_1(t)\\\dot{z}_2(t)=\boldsymbol{u}_2(t)\end{cases}$$

利用式(5-8)可得 $g(z(t))=0$，且

$$\boldsymbol{A}_z=\begin{pmatrix}0&1\\0&0\end{pmatrix},\boldsymbol{u}(t)=\begin{pmatrix}\boldsymbol{u}_1(t)\\\boldsymbol{u}_2(t)\end{pmatrix}$$

在该仿真实验中,驱动系统的初始状态为 $x(0)=[0.75,-1,1]^{\mathrm{T}}$,响应系统的初始状态为 $z(0)=[0.8,1.1]^{\mathrm{T}}$,网络传输延迟的上下界分别为 $\tau_M=0.1$ 和 $\tau_m=0.05$,采样周期为 $h=0.02$。

使用控制器(5-15),采用切换型事件触发条件(5-10)及参数切换律(5-11),其中,相应的参数设置为 $\sigma_1=0.3,\sigma_2=0.8,\gamma_1=0.01,\gamma_2=1$ 及 $\boldsymbol{\Phi}=\boldsymbol{I}_3$,那么利用定理5.1可以计算出

$$\boldsymbol{K}=\begin{pmatrix}14.9379 & -6.1658\\ 3.3594 & -1.1591\\ -17.1433 & 6.8721\end{pmatrix}$$

为了证明文中所提出的网络同步方案的优越性,采用表5.1中给出的六种不同的事件触发机制分别进行了仿真,仿真结果如图5.4~图5.6所示。特别地,为了更好地进行比较分析,针对第三种事件触发机制,对参数 σ 选取一大一小两个具体值分别进行了仿真实验。

表5.1 事件触发机制对比表

	数学模型	名称
(1)	$\delta_k^{\mathrm{T}}(t)\Phi\delta_k(t)\leqslant\sigma(t)e^{\mathrm{T}}(t_kh+lh)\Phi e(t_kh+lh)$ $\mathbf{with}\,\sigma(t)=\begin{cases}\sigma_1,\delta_k^{\mathrm{T}}(t)\delta_k(t)>\gamma_1\exp(-\gamma_2 t)\\ \sigma_2,\delta_k^{\mathrm{T}}(t)\delta_k(t)\leqslant\gamma_1\exp(-\gamma_2 t)\end{cases}0\leqslant\sigma_1\leqslant\sigma_2\leqslant1$	切换型事件触发机制(本书)
(2)	$\delta_k^{\mathrm{T}}(t)\Phi\delta_k(t)\leqslant k\exp(-\epsilon t),k>0,\epsilon>0$	指数型事件触发机制
(3)	$\delta_k^{\mathrm{T}}(t)\Phi\delta_k(t)\leqslant\sigma e^{\mathrm{T}}(t_kh+lh)\Phi e(t_kh+lh),\sigma\in[0,1]$	标准型事件触发机制
(4)	$\delta_k^{\mathrm{T}}(t)\Phi\delta_k(t)\leqslant\sigma(t)e^{\mathrm{T}}(t_kh+lh)\Phi e(t_kh+lh)$ 其中,$\dot\sigma(t)=\frac{1}{\sigma(t)}\left(\frac{1}{\sigma(t)}-\gamma\right)\delta_k(t)^{\mathrm{T}}\Phi\delta_k(t),\sigma\in(0,1)$	ANETM
(5)	$\delta_k^{\mathrm{T}}(t)\Phi\delta_k(t)\leqslant\sigma(t)e^{\mathrm{T}}(t_kh+lh)\Phi e(t_kh+lh)$ 其中,$\dot\sigma(t)=d\sigma(t),d=\begin{cases}1,\delta_k^{\mathrm{T}}(t)\delta_k(t)<\Delta\\ 0,\delta_k^{\mathrm{T}}(t)\delta_k(t)=\Delta\text{ 或 }0,\\ \sigma(t)\in[\sigma_1,\sigma_2]\subseteq[0,1],\Delta>0\\ -1,\delta_k^{\mathrm{T}}(t)\delta_k(t)>\Delta\end{cases}$	ANETM
(6)	$\delta_k^{\mathrm{T}}(t)\Phi\delta_k(t)\leqslant\sigma(t)e^{\mathrm{T}}(t_kh+lh)\Phi e(t_kh+lh)$ 其中,$\sigma(t)=\begin{cases}\sigma_1,\delta_k^{\mathrm{T}}(t)\delta_k(t)>\Delta\\ \sigma_2,\delta_k^{\mathrm{T}}(t)\delta_k(t)\leqslant\Delta\end{cases}0\leqslant\sigma_1\leqslant\sigma_2\leqslant1,\Delta>0$	ANETM

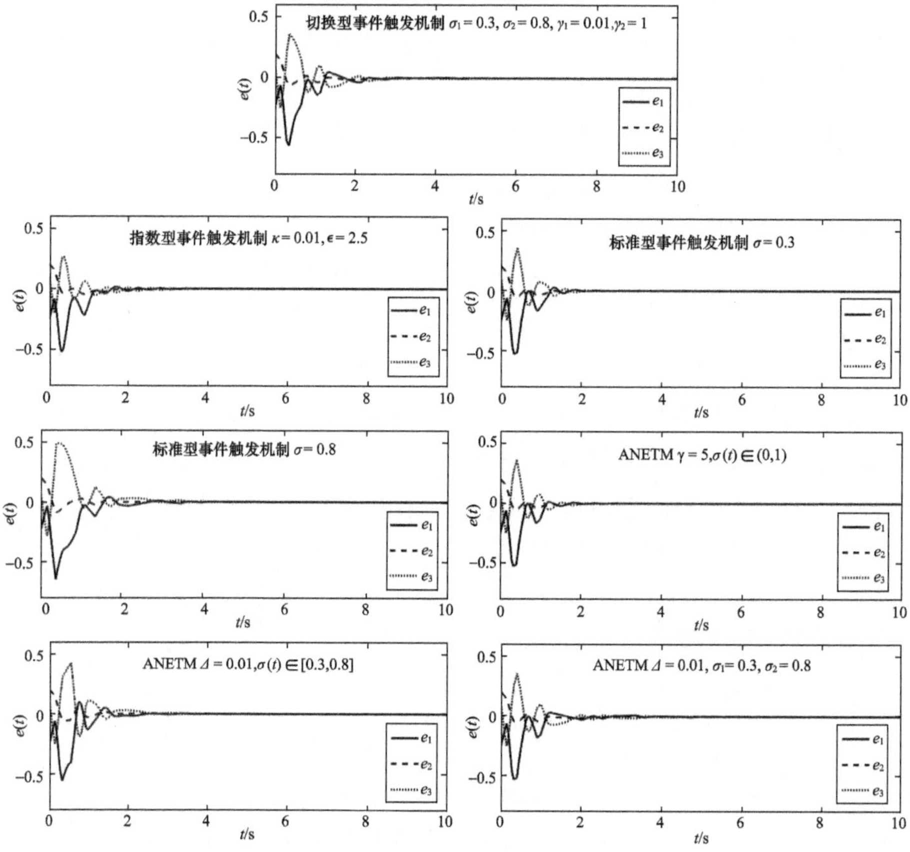

图 5.4　网络同步误差时间响应曲线对比图

通过图 5.4 的比较可见,无论采用哪一种事件触发机制,都能够达到良好的同步效果。

图 5.5 通常称为"火柴棒图",在该图中,横坐标表示样本释放时刻(即事件触发时刻),图中的"火柴棒"的个数表示了网络控制系统在仿真时段内事件触发器中样本释放(即事件触发)的次数,或者执行器端信号更新的次数,"火柴棒"越多,说明事件触发的次数越多,即执行器端信号更新的频率越高。纵坐标,即"火柴棒"的高度表示相邻两次样本释放时刻(即事件触发时刻)之间的时间间隔,称其为样本保持间隔(Sample holding interval)或者事件触发间隔(Event - triggering interval),"火柴棒"越高,意味着相邻两次信号更新间隔越长。

通过图 5.5 的比较可以看出,与其他触发机制相比,切换型事件触发机制在保证良好的同步性能的前提下,样本释放时刻(即事件触发时刻)分布更加稀疏,样本释放间隔(即事件触发间隔)更长。特别是在同步保持阶段,样本更新(即事件触发)的次数明显减少。

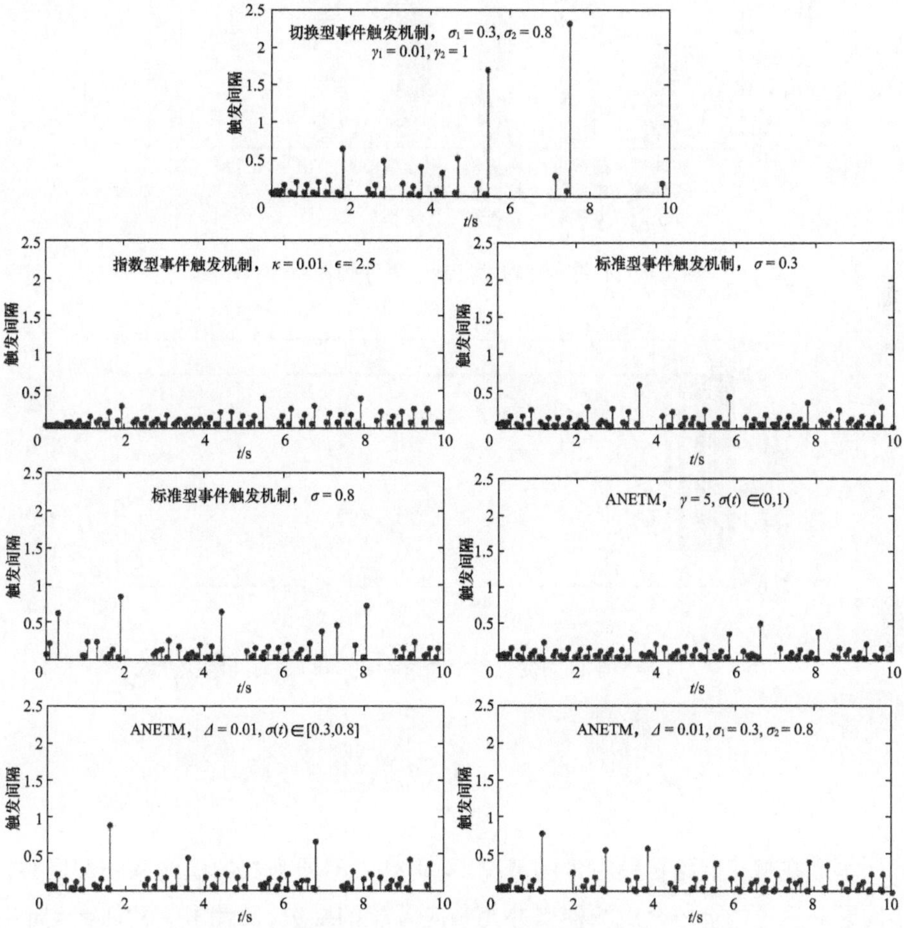

图 5.5 不同事件触发机制下事件触发时间序列对比图

从图 5.6 中的比较可以看出,切换型事件触发机制中执行器所使用的样本数量远远少于其他方法。

图 5.7 表明,采用切换型事件触发机制时,阈值参数 $\sigma(t)$ 可以在线更新并最终收敛到较大的值。

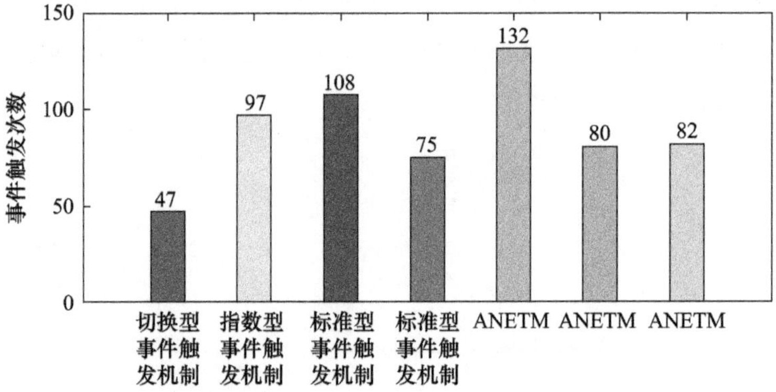

图 5.6　不同事件触发机制下事件触发频次对比图

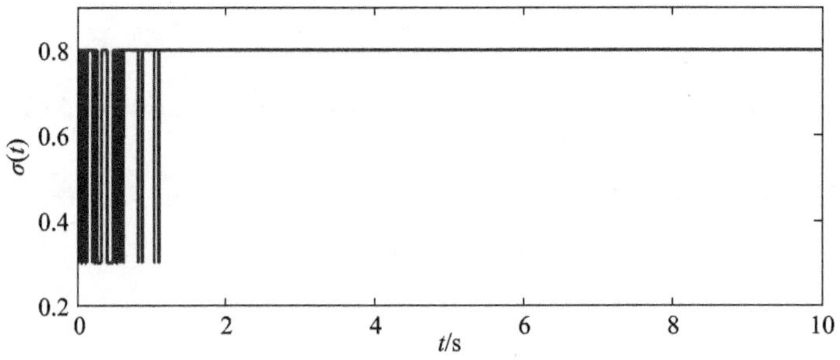

图 5.7　切换型事件触发机制中阈值参数 $\sigma(t)$ 的时间响应曲线

5.6　本章小结

本章在考虑网络传输时延的情况下,研究了不同维数的混沌系统的网络同步问题。通过构造一个观测器来补充响应系统的维数,设计了一种切换型事件触发的网络通信方案。在标准型事件触发机制的基础上,引入阈值参数的指数型边界切换律,设计出了切换型事件触发机制,进一步提高了数据筛选的能力,节约了网络资源。理论推导和实验仿真表明采用切换型事件触发通信方案,数据的更新频率明显低于现有的其他事件触发通信方案。该切换事件触发机制也可用于处理整数或分数阶系统的其他控制问题。

第六章　组合型事件触发机制下的非线性不确定分数阶混沌系统自适应网络同步通信

第五章设计了一种新的切换型事件触发机制,用来处理两个异维整数阶混沌系统的网络同步问题。该触发机制作用下的事件触发次数明显低于其他事件触发机制。但切换型事件触发机制从本质上来讲仍是一个标准型事件触发机制,因此,本章将致力于设计一种更好的事件触发机制,汲取标准型事件触发机制和指数型事件触发机制的优点,并有效地克服其缺点,并用该触发机制来处理分数阶混沌系统的网络同步问题。

6.1　引言

由于分数微积分能够提供比常规的整数阶微积分更为精确的物理系统模型,近年来,分数阶微分方程描述的动力系统变得越来越流行[56]。相比之下,整数阶微分算子是局部算子,而分数阶微分算子则是非局部的,因为它下一时刻的状态不仅取决于当前状态,而且还依赖于之前状态的所有历史。也就是说,分数阶微积分是精确描述许多材料和过程的记忆性和遗传性特征的一个极好的数学工具。目前,分数阶微积分已经广泛地应用于控制理论、黏弹性理论、扩散理论、湍流、电磁、机器人、电路、信号处理、生物工程、混沌同步计量金融等各个领域。同时,分数阶混沌理论因其在保密通信和控制工程中的潜在应用而成为最具吸引力的理论之一。

在基于混沌系统的保密通信的模拟数字信号发生器设计中,以及基于混沌系统的安全可靠的密码系统的研发过程中,要从信号接收端恢复或还原信息,就必须实现解密系统(即响应系统)与加密系统(即驱动系统)的状态同步。到目前为止,整数阶混沌系统的同步在理论和实践上都取得了丰硕的成果,这使得分数阶混沌系统的同步问题成为一个颇有前景的研究课题。然而,由于分数阶微分系统与整数阶微分系统仍然存在本质区别,大多数用于处理整数阶系统的方法、性质和结论还不能直接地推广到分数阶情形,如 Lyapunov 直接法等。因此,关于分数阶混沌系统同步的研究成果远远少于整数阶系统,这进一步提高了深入研究该课题的必要性。

因其具有成本低、重量轻、功耗低、安装和维护简单、便于资源共享等优良性能,网络控制系统最近受到相当多的关注[57-58]。由于其易于实现、便于分析,在许多数字控制任务中,时间触发机制是处理 NCS 的首选方法。但是,必须承认,这种方法的缺点是所有的采样数据都需要被传输给控制器和执行器。此外,NCS 的设计往往是在处理器容量、通信带宽、电池寿命等有限资源约束下进行的,传输的数据越多,网络宽带的荷载越大。另外,系统施加给控制器的计算量与其执行速度成正比,也就是说,执行速度越快,计算量就越大,进而处理器负担越重。因此,如何在不影响网络控制系统的稳定性和良好控制性能的前提下,降低网络带宽利用率及处理器的负荷成为一个很有价值的问题。为了解决这一问题,事件触发机制应运而生,该方法的基本思想是,只有在事件被触发时,即违反了预先设定的条件时,采样器才向控制器释放数据,从而使得网络采样数据的传输量减少,网络带宽的负担减轻。

目前,关于整数阶系统的事件触发机制可以归纳为两种类型:标准型事件触发机制和指数型事件触发机制。其中标准型事件触发机制是最经典的,该机制中的事件触发条件(Event - triggered condition)可以通过不等式$(\boldsymbol{x}(t)-\boldsymbol{x}(t_k))^{\mathrm{T}}\boldsymbol{\Psi}(\boldsymbol{x}(t)-\boldsymbol{x}(t_k))\leqslant\rho\boldsymbol{x}^{\mathrm{T}}(t)\boldsymbol{\Psi}\boldsymbol{x}(t)$, $t\in[t_k,t_{k+1})$来表示,其中,$\boldsymbol{x}(t)$是采样器在t时刻的样本输出,$\boldsymbol{\Psi}$是一个正定矩阵,阈值参数$\rho\in(0,1)$是预先设置的常数,它决定了采样数据传输给控制器及执行器的释放频率,即事件触发频率。该方法的特点是阈值函数与当前样本的范数有关,其本质是通过判断样本的相对误差来决定是否进行样本更新,当样本范数$\|\boldsymbol{x}(t)\|$很小时,该机制的数据筛选能力变差,甚至会产生 Zeno 行为。同时,值得说明的是,使用这种事件触发机制时,通常需要将原系统转化为时滞系统,然后利用 Lyapunov 稳定性理论进行处理。但是,由于目前用于处理分数阶时滞系统的方法非常有限,将该事件触发机制直接推广到分数阶 NCS 还是一个很棘手的问题。

另一种典型的事件触发机制是指数型事件触发机制,该机制中的事件触发条件可以表示为$\|\boldsymbol{x}(t)-\boldsymbol{x}(t_k)\|^2\leqslant\kappa\exp(-\epsilon t)$, $\kappa>0,\epsilon>0$, $t\in[t_k,t_{k+1})$,其中阈值函数是一个递减的指数函数,该触发机制的本质是通过判断样本的绝对误差的大小来决定是否进行样本更新。该方法常用于处理多智能体系统的一致性问题。该方法的优点是可以避免 Zeno 行为,缺点是由于阈值函数与当前样本

值无关,当样本范数 $\|x(t)\|$ 较大时,对采样数据的过滤能力较差。

目前,基于事件触发机制的分数阶混沌系统网络同步的研究还比较少见[59]。对分数阶系统而言,理论工具的匮乏成为最大的障碍。因此,如何将这两种传统的事件触发机制结合起来,最大限度地发挥它们的优势,克服它们的弱点,或者设计出比这两种机制更好的机制来处理分数阶混沌系统的同步问题,是非常有意义和挑战性的。

在实际应用中,由于物理设备的限制、外部干扰的影响、未知参数和未建模动力学的存在,系统的精确动力学模型很难获取。不确定性的存在会不同程度地影响网络同步的效果。针对不确定性和扰动,研究者们提出了许多稳健控制技术,其中,自适应控制策略凭借其响应快、稳健性强、暂态性能好、易于物理实现等特点,被视为一种高效的稳健控制策略。

基于上述讨论,本章研究基于一种新的组合型事件触发机制的非线性不确定分数阶混沌系统的自适应网络同步通信。本章的其余部分安排如下,6.2 节介绍分数阶微积分的一些基本定义、性质和引理,然后给出系统模型和所研究的问题,6.3 节设计一种新的组合型事件触发机制,构造了一种自适应网络同步机制,以减少网络带宽负担,避免 Zeno 行为,6.4 节,通过仿真实验验证了所提出的同步策略的有效性和先进性,最后,在 6.5 节对本章内容进行总结。

与现有研究相比,本章的优势体现在以下三方面:

首先,首次讨论了基于事件触发机制的分数阶混沌系统的网络同步问题。

其次,设计的组合型事件触发机制集中了整数阶系统中流行的两种传统事件触发机制的优点,并巧妙地避开了二者的缺点。使用该触发机制不需要将同步问题转换为分数阶时滞系统再处理。

第 3,设计的分数阶参数自适应律可以很好地应对不确定性和扰动。

6.2 预备知识与系统描述

本节介绍分数阶微积分的相关知识和几个同步控制器设计中需要用到的引理。

6.2.1 Caputo – Podlubny 分数阶微分

分数阶微分算子是整数阶微分算子的推广。和整数阶微分一样,分数阶微分在应用科学和工程领域中起着重要的作用。分数阶微分算子有三种常用的定义，即 Riemann – Liouville 分数阶微分、Grunwald – Letnikov 分数阶微分和 Captu – Podlubny 分数阶微分。在第六章和第七章的研究中，采用的都是 Captu – Podlubny 分数阶微分。

定义 6.1 函数$f(t)$的 α 阶 Caputi – Podlubny 分数阶导数定义为

$$D_{t_0,t}^{\alpha}f(t) = \frac{1}{\Gamma(m-\alpha)}\int_{t_0}^{t}(t-\tau)^{m-\alpha-1}f^{(m)}(\tau)\mathrm{d}\tau$$

其中，$m-1<\alpha<m, m\in\mathbb{Z}^{+}$，$\Gamma(\cdot)$ 是 Γ 函数，它可以通过下面的积分进行定义

$$\Gamma(z) = \int_{0}^{\infty}\exp(-t)t^{z-1}\mathrm{d}t$$

特别地，当 $m=1$ 时，有 $0<\alpha<1$，且

$$D_{t_0,t}^{\alpha}f(t) = \frac{1}{\Gamma(1-\alpha)}\int_{t_0}^{t}(t-\tau)^{-\alpha}f'(\tau)\mathrm{d}\tau$$

下面给出分数阶系统稳定性分析中常用的一些性质。为了方便起见，将 $D_{t_0,t}^{\alpha}f(t)$简记为 $D^{\alpha}f(t)$。

引理 6.1[56] 如果$f(t),g(t)\in\Omega\subset C^{1}[a,b]$，且 $\alpha\geqslant\beta>0$，ϱ_1,ϱ_2均为实值常数，那么，

(1) $D^{\alpha}D^{-\beta}f(t)=D^{\alpha-\beta}f(t)$;

(2) $D^{\alpha}(\varrho_1 f(t)\pm\varrho_2 g(t))=\varrho_1 D^{\alpha}f(t)\pm\varrho_2 D^{\alpha}g(t)$;

(3) $D^{-\alpha}D^{\alpha}f(t)=D^{0}f(t)=f(t)-f(0)$。

引理 6.2[56] 设 $\boldsymbol{x}(t)\in\mathbb{R}^{n}$是一个连续可微的向量值函数，那么对任意的常数 $t\geqslant t_0$，下列不等式成立：

$$D^{\alpha}(\boldsymbol{x}^{\mathrm{T}}(t)\boldsymbol{P}x(t))\leqslant 2\boldsymbol{x}^{\mathrm{T}}(t)\boldsymbol{P}D^{\alpha}\boldsymbol{x}(t),\ \forall\alpha\in(0,1]$$

其中，$\boldsymbol{P}\in\mathbb{R}^{n\times n}$是一个对称正定矩阵。

为进一步讨论 Caputi – Podlubny 分数阶导数的性质，接下来介绍在求解分数阶微分方程过程中经常用到的 Mittag – Leffter 函数。

定义 6.2 双参数的 Mittag – Leffter 函数定义如下

$$E_{\alpha,\beta}(z) = \sum_{k=0}^{+\infty}\frac{z^{k}}{\Gamma(\alpha k+\beta)}$$

其中，$\alpha>0,\beta>0$，且 $z(\cdot):\mathbb{R}\to\mathbb{R}^{m_1\times m_2}$是一个连续的矩阵值函数。特别地，当 $m_1=m_2=1$ 时，z 就退化成一个普通的连续数量值函数。

在此基础上，令 $\beta=1$，就可以得到单参数的 Mittag – Leffter 函数，其定义如下

$$E_{\alpha}(z) \overset{\text{def}}{=\!=} E_{\alpha,1}(z) = \sum_{k=0}^{+\infty} \frac{z^k}{\Gamma(\alpha k + 1)}$$

下面,针对 Mittag - Leffter 函数,列出几条与本章相关的性质。

引理 6.3[60] 设 $0<\alpha\leqslant 1$,且 $Q(\cdot):[0,+\infty)\to\mathbb{R}$是一个给定的连续函数,如果存在常数 $p>0$ 和 $q\geqslant 0$,使得

$$D^{\alpha}Q(t)\leqslant -pQ(t)+q, t\geqslant 0$$

那么,下列不等式成立

$$Q(t)\leqslant Q(0)E_{\alpha}(-pt^{\alpha})+qt^{\alpha}E_{\alpha,\alpha+1}(-pt^{\alpha}), t\geqslant 0$$

引理 6.4[61] 设 $\alpha\in(0,2)$,如果存在正常数 γ,使得

$$\frac{\pi\alpha}{2}<\gamma<\min\{\pi,\pi\alpha\}$$

那么

$$|E_{\alpha,\beta}(z)|\leqslant\frac{C}{|z|+1}$$

其中,C 是正常数,β 是常数,且 $\gamma\leqslant|\arg(z)|\leqslant\pi$, $|z|\geqslant 0$。

引理 6.5[62] 对任意常数 $0<\alpha<1$,令 $\boldsymbol{\Phi}_{\alpha\iota}=t^{\iota}E_{\alpha,\iota+1}(\boldsymbol{\Lambda}t^{\alpha})$。那么,一定存在两个有限的实常数 $\eta_1>0,\eta_2>0$,使得

$$\|\boldsymbol{E}_{\alpha,\alpha}(\boldsymbol{\Lambda}t^{\alpha})\|\leqslant\eta_1\|\exp(\boldsymbol{\Lambda}t)\|,\ \|\boldsymbol{\Phi}_{\alpha\iota}\|\leqslant\eta_2\|t^{\iota}\exp(\boldsymbol{\Lambda}t)\|$$

其中,$\boldsymbol{\Lambda}$ 表示一个矩阵,$\|\cdot\|$ 表示某个向量或矩阵的诱导范数,且 $\iota\in\{0,\alpha\}$。

6.2.2 系统描述

考虑参数不确定性以及外界扰动的存在,在本章的驱动 - 响应型同步方案中,选取下面的分数阶混沌系统作为驱动系统:

$$D^{\alpha}\boldsymbol{x}(t)=(\boldsymbol{A}+\Delta\boldsymbol{A}_1)\boldsymbol{x}(t)+\boldsymbol{f}(t,x)+\Delta\boldsymbol{f}_1(t,x)+\boldsymbol{d}_1(t), \alpha\in(0,1) \tag{6-1}$$

对应的响应系统表示为

$$D^{\alpha}\boldsymbol{y}(t)=(\boldsymbol{A}+\Delta\boldsymbol{A}_2)\boldsymbol{y}(t)+f(t,y)+\Delta\boldsymbol{f}_2(t,\boldsymbol{y})+\boldsymbol{d}_2(t)+\boldsymbol{u}(t), \alpha\in(0,1) \tag{6-2}$$

其中,$\boldsymbol{x}(t)=[x_1(t),x_2(t),\cdots,x_n(t)]^{\mathrm{T}}\in\mathbb{R}^n$和$\boldsymbol{y}(t)=[y_1(t),y_2(t),\cdots,y_n(t)]^{\mathrm{T}}\in\mathbb{R}^n$ 分别表示驱动系统和响应系统的状态向量,系数矩阵 $\boldsymbol{A}\in\mathbb{R}^{n\times n}$ 是确定的常数矩阵。$\boldsymbol{f}_j(t,\cdot):\boldsymbol{\Xi}\subset\mathbb{R}\times\mathbb{R}^n\to\mathbb{R}^n (j=1,2)$ 是一个连续的非线性向量值函数,并且其元素满足 Lipschitz 条件:

$$|f_i(t,\boldsymbol{x})-f_i(t,\boldsymbol{y})|\leqslant L\|\boldsymbol{x}-\boldsymbol{y}\|, i=1,2,\cdots,n, j=1,2 \tag{6-3}$$

这里，$\forall (t,\boldsymbol{x}),(t,\boldsymbol{y}) \in \boldsymbol{\Xi}, L \geqslant 0$ 是 Lipschitz 常数。

对于 $j=1,2$，$\Delta\boldsymbol{A}_j \in \mathbb{R}^{n\times n}$ 和 $\Delta\boldsymbol{f}_j \in \mathbb{R}^n$ 分别表示参数不确定性和模型不确定性，向量 $\boldsymbol{d}_j(t)=[d_{j1}(t),d_{j2}(t),\cdots,d_{jn}(t)]^{\mathrm{T}} \in \mathbb{R}^n$ 表示未知的外部时变扰动，向量 $\boldsymbol{u}(t)=[u_1(t),u_2(t),\cdots,u_n(t)]^{\mathrm{T}}$ 表示控制输入。

在展开进一步讨论之前，给出以下假设。

假设 6.1 未知矩阵 $\Delta\boldsymbol{A}_j$ 和向量 $\Delta\boldsymbol{f}_j,\boldsymbol{d}_j(j=1,2)$ 的所有元素都有界。结合混沌系统的状态有界性，可知，存在非负常数 $D_i, i=1,2,\cdots,n$，使得

$$|\Delta\boldsymbol{A}_{1i}\boldsymbol{x}(t)+\Delta f_{1i}(t,y)+d_{1i}(t)-\Delta\boldsymbol{A}_{2i}\boldsymbol{y}(t)-\Delta f_{2i}(t,\boldsymbol{y})-d_{2i}(t)| \leqslant D_i \tag{6-4}$$

这里，向量 $\Delta\boldsymbol{A}_{ji}$ 表示矩阵 $\Delta\boldsymbol{A}_j$ 的第 i 行，Δf_{ji} 表示列向量 $\Delta\boldsymbol{f}_j$ 的第 i 个元素，其中 $j=1,2$。并且边界值 D_i 是未知的。

定义 6.3 如果

$$\lim_{t\to\infty} \|\boldsymbol{y}-\boldsymbol{x}\| = 0$$

或者

$$\lim_{t\to\infty} |y_i - x_i| = 0,\ i=1,2,\cdots,n$$

则称分数阶混沌系统(6-1)和(6-2)是驱动-响应同步的。

为了更好地处理上述两个混沌系统之间的同步问题，将它们之间的同步误差定义为 $e(t)=\boldsymbol{y}(t)-\boldsymbol{x}(t)$。对 $\boldsymbol{e}(t)$ 关于时间求导，并借助引理 6.1②，就可以得到相应的误差动力系统

$$\begin{aligned}D^{\alpha}\boldsymbol{e}(t)=&\boldsymbol{A}\boldsymbol{e}(t)+\boldsymbol{f}(t,y)-\boldsymbol{f}(t,x)+(\Delta\boldsymbol{A}_2\boldsymbol{y}(t)+\Delta\boldsymbol{f}_2(t,y)+\boldsymbol{d}_2(t)\\&-\Delta\boldsymbol{A}_1x(t)-\Delta\boldsymbol{f}_1(t,x)-\boldsymbol{d}_1(t))+\boldsymbol{u}(t)\end{aligned} \tag{6-5}$$

6.3 基于组合型事件触发机制的自适应同步方案设计

本节将针对上述两个分数阶混沌系统(6-1)和(6-2)，设计一种基于组合型事件触发机制的自适应同步方案。这一目标将分两步来实现。首先，为了节约网络资源，降低采样频率，提出一种新的组合型事件触发机制。然后，为响应系统设计一个基于事件触发机制的自适应网同步控制器，使得在参数未知的情况下，也能顺利地实现驱动系统与响应系统之间的网络同步。

6.3.1 组合型事件触发机制的设计

网络控制系统是指通过实时网络进行通信的反馈控制系统，其中，传感器、

控制器、执行器等部件被分散并连接到被控对象上。考虑到网络控制系统中的网络是共享的且带宽受限的数字通信网络,本章采用事件触发机制来减轻网络通信的负担,该方法的基本框架如图 6.1 所示。

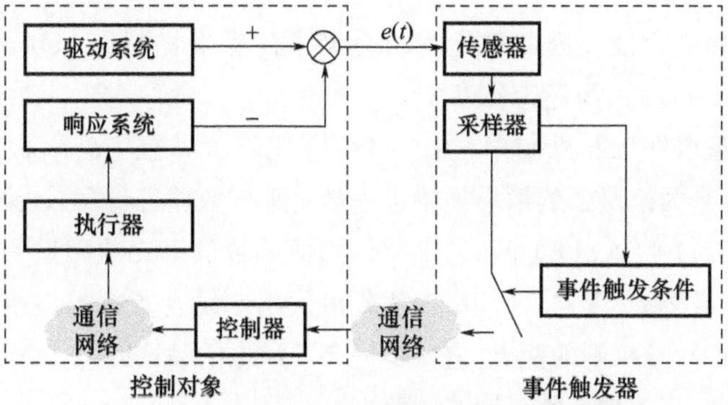

图 6.1 事件触发网络同步方案的框架图

设 $t_0=0$ 是第一个事件触发时刻(即采样器端向控制器端传输样本数据的时刻),t_k 表示最新的事件触发时刻,则下一个事件触发时刻 t_{k_1} 定义为

$$t_{k+1}=t_k+\min\{t\mid \|\delta(t)\|^2>\rho(K)\|\boldsymbol{e}(t)\|^2+\overline{\kappa}(K)\exp(-\varepsilon t)\},\ k=0,1,2,\cdots \tag{6-6}$$

其中,$\rho(K)=-\dfrac{2(\sigma+\lambda+L)-K}{K}$ 和 $\overline{\kappa}(K)=\dfrac{2\kappa}{K}$ 都是阈值函数中的参数,它们决定了事件触发的频率,$\delta(t)=\boldsymbol{e}(t_k)-\boldsymbol{e}(t)$, $t\in[t_k,t_{k+1})$,λ 是$\dfrac{1}{2}(\boldsymbol{A}+\boldsymbol{A}^{\mathrm{T}})$的最大特征值,$\Sigma>0$ 是决定同步误差系统稳定速度的参数,非负常数 K 是控制增益,且满足,$0<\rho(K)<1$。κ 和 ε 都是正常数。显然

$$\lim_{k\to\infty}t_k=+\infty$$

注 6.1 由事件触发时间序列的定义式(6-6)可知,在该事件触发传输方案中,一旦样本数据违反了事件触发条件

$$\|\boldsymbol{\delta}(t)\|^2\leqslant\rho(K)\|\boldsymbol{e}(t)\|^2+\overline{\kappa}(K)\exp(-\varepsilon t) \tag{6-7}$$

那么一个事件将由事件触发生成器(Event - Triggered Generator, ETG)触发,这意味着需要将采样数据通过网络传输给控制器和执行器,也就是说控制器端和执行器端需要进行数据更新。否则,采样后的数据将被丢弃,此时,网络控制系统中的控制输入会在零阶保持(Zero - Order Holder, ZOH)的作用下在时段 $[t_k,t_{k+1})$ 中保持不变,直到下一个事件被触发。

注 6.2 从式(6-7)可以看出,本章设计的事件触发条件中,阈值函数可以看作范数项 $\|\boldsymbol{e}(t)\|^2$ 和指数项 $\exp(-\varepsilon t)$ 的线性组合。第一项描述了系统对相对误差 $\frac{\|\boldsymbol{e}(t_k)-\boldsymbol{e}(t)\|}{\|\boldsymbol{e}(t)\|}$ 的容忍程度,第二项决定了系统对绝对误差 $\|\boldsymbol{e}(t_k)-\boldsymbol{e}(t)\|$ 的接受程度。因此称之为组合型事件触发机制(Combination event-triggered mechanism),简记为 CETM。

在组合型事件触发机制中,当 $\|\boldsymbol{e}(t)\|$ 比较大并且 $\|\delta(t)\|^2>\overline{\kappa}(K)\exp(-\varepsilon t)$ 时,组合阈值函数的第一项将进一步对采样数据进行筛选,当 $\|\boldsymbol{e}(t)\|$ 非常小并且 $\|\boldsymbol{\delta}(t)\|^2>\rho(K)\|e(t)\|^2$ 时,阈值函数的第二项则进一步过滤采样数据,避免出现 Zeno 现象。所以,该事件触发机制结合了标准型事件触发机制和指数型事件触发机制的优点,进一步提高了数据的筛选能力,大幅度降低了事件触发的次数,有效地节省了网络资源。

注 6.3 不同于传统的事件触发机制,本章设计的事件触发机制中的阈值函数中的参数 $\rho(K)$ 和 $\overline{\kappa}(K)$ 不是预先给定的常量,而是依赖于控制增益 K 的。

6.3.2 自适应网络同步方案的设计

网络同步的本质是响应系统的状态轨迹(6-2)可以收敛到驱动系统的状态轨迹(6-1)。因此,上述两个混沌系统的网络同步问题等价于相应的同步误差系统(6-5)的稳定问题。为此,设计以下网络状态反馈控制器,以确保同步误差向量状态轨迹中的每个分量 $e_i(t)$ 都收敛到零。

$$\boldsymbol{u}(t)=-Ke(t_k)+\overline{\boldsymbol{u}}(t_k),\ t\in[t_k,t_{k+1}) \tag{6-8}$$

其中

$$\overline{\boldsymbol{u}}(t)=-[\zeta_1\hat{D}_1\mathrm{sign}(e_1(t)),\zeta_2\hat{D}_2\mathrm{sign}(e_2(t)),\cdots,\zeta_n\hat{D}_n\mathrm{sign}(e_n(t))]^{\mathrm{T}}$$

这里,常数 $K>0$ 是控制增益,参数 κ_i 满足

$$\zeta_i=\begin{cases}1,\ e_i(t)\mathrm{sign}(e_i(t_k))>0\\-1,e_i(t)\mathrm{sign}(e_i(t_k))\leqslant 0\end{cases}$$

$\hat{D}_i$ 是未知参数上界 D_i 的估计值,将通过以下的分数阶自适应律进行在线更新

$$D^{\alpha}\hat{D}_i=\mu_1|e_i(t)|-\mu_1\mu_2\hat{D}_i,i=1,2,\cdots,n \tag{6-9}$$

其中,μ_1 和 μ_2 是正的常值参数。

定理 6.1 设 $0<\alpha<1$,如果存在控制增益 $K>0$ 和常数 $\sigma>0$,满足

$$K>2(\sigma+\lambda+L)>0$$

那么，在组合型事件驱动发机制(6－7)和自适应控制律(6－8)和(6－9)的共同作用下，可以实现分数阶混沌系统(6－1)和(6－2)的网络同步。

证明：设计如下 Lyapunov 函数

$$V(t) = V_1(t) + V_2(t)$$

其中

$$V_1(t) = \frac{1}{2}\|e(t)\|^2$$

$$V_2(t) = \frac{1}{2\mu_1}\|D - \hat{\boldsymbol{D}}\|^2 = \frac{1}{2\mu_1}\sum_{i=1}^{n}(D_i - \hat{D}_i)^2$$

借助控制器(6－8)可得

$$\begin{aligned}\boldsymbol{e}^{\mathrm{T}}(t)\boldsymbol{u}(t) &= \boldsymbol{e}^{\mathrm{T}}(t)(-K\boldsymbol{e}(t) - K\delta(t) + \bar{\boldsymbol{u}}(t))\\ &= -K\|\boldsymbol{e}(t)\|^2 - K\boldsymbol{e}^{\mathrm{T}}(t)\boldsymbol{\delta}(t) - \sum_{i=1}^{n}|e_i(t)|\hat{D}_i\\ &\leqslant -K\|\boldsymbol{e}(t)\|^2 + K\|\boldsymbol{e}(t)\|\|\boldsymbol{\delta}(t)\| - \sum_{i=1}^{n}|e_i(t)|\hat{D}_i\\ &\leqslant -\frac{1}{2}K\|\boldsymbol{e}(t)\|^2 + \frac{1}{2}K\|\boldsymbol{\delta}(t)\|^2 - \sum_{i=1}^{n}|e_i(t)|\hat{D}_i\end{aligned}$$

在此基础上，沿着同步误差系统对函数 $V_1(t)$ 求导并利用引理 6.2、Lipschitz 条件(6－3)，以及假设 6.1 中的条件(6－4)可得

$$\begin{aligned}D^{\alpha}V_1(t) &\leqslant \boldsymbol{e}^{\mathrm{T}}(t)D^{\alpha}\boldsymbol{e}(t)\\ &= \frac{1}{2}\boldsymbol{e}^{\mathrm{T}}(t)(\boldsymbol{A} + \boldsymbol{A}^{\mathrm{T}})\boldsymbol{e}(t) + \boldsymbol{e}^{\mathrm{T}}(t)(\boldsymbol{f}(t,\boldsymbol{x}) - \boldsymbol{f}(t,\boldsymbol{y})) + \boldsymbol{e}^{\mathrm{T}}(t)\boldsymbol{u}(t)\\ &\quad + \boldsymbol{e}^{\mathrm{T}}(t)(\boldsymbol{\Delta A}_1\boldsymbol{x}(t) + \boldsymbol{\Delta f}_1(t,\boldsymbol{x}) + \boldsymbol{d}_1(t) - \boldsymbol{\Delta A}_2\boldsymbol{y}(t) - \boldsymbol{\Delta f}_2(t,\boldsymbol{y}) - \boldsymbol{d}_2(t))\\ &\leqslant \left(\lambda + L - \frac{1}{2}K\right)\|\boldsymbol{e}(t)\|^2 + \frac{1}{2}K\|\boldsymbol{\delta}(t)\|^2 + \sum_{i=1}^{n}|e_i(t)|(D_i - \hat{D}_i)\end{aligned}$$

根据组合型事件触发条件(6－7)可知，对任意 $t \in [t_k, t_{k+1})$，下面的不等式成立

$$\|\boldsymbol{\delta}(t)\|^2 \leqslant -\frac{2(\sigma + \lambda + L) - K}{K}\|\boldsymbol{e}(t)\|^2 + \frac{2\kappa}{K}\exp(-\varepsilon t)$$

从而

$$(\lambda + L - \frac{1}{2}K)\|\boldsymbol{e}(t)\|^2 + \frac{1}{2}K\|\delta(t)\|^2 \leqslant -\sigma\|\boldsymbol{e}(t)\|^2 + \kappa\exp(-\varepsilon t)$$

进而有

$$D^{\alpha}V_1(t) \leqslant -\sigma \|\boldsymbol{e}(t)\|^2 + \kappa\exp(-\varepsilon t) + \sum_{i=1}^{n}|e_i(t)|(D_i - \hat{D}_i) \tag{6-10}$$

接下来,对函数 $V_2(t)$ 沿着同步误差系统求导,有

$$\begin{aligned} D^{\alpha}V_2(t) &\leqslant -\frac{1}{\mu_1}\sum_{i=1}^{n}(D_i - \hat{D}_i)D^{\alpha}\hat{D}_i = -\sum_{i=1}^{n}(D_i - \hat{D}_i)(|e_i(t)| - \mu_2\hat{D}_i) \\ &= -\sum_{i=1}^{n}|e_i(t)|(D_i - \hat{D}_i) - \sum_{i=1}^{n}\mu_2(-\hat{D}_i)(D_i - \hat{D}_i) \\ &= -\sum_{i=1}^{n}|e_i(t)|(D_i - \hat{D}_i) - \mu_2\sum_{i=1}^{n}(D_i - \hat{D}_i)^2 + \mu_2\sum_{i=1}^{n}(D_i - \hat{D}_i)D_i \\ &\leqslant -\sum_{i=1}^{n}|e_i(t)|(D_i - \hat{D}_i) - \mu_2\sum_{i=1}^{n}(D_i - \hat{D}_i)^2 + \frac{1}{2}\mu_2\sum_{i=1}^{n}((D_i - \hat{D}_i)^2 + D_i^2) \\ &= -\sum_{i=1}^{n}|e_i(t)|(D_i - \hat{D}_i) - \frac{1}{2}\mu_2\sum_{i=1}^{n}(D_i - \hat{D}_i)^2 + \frac{1}{2}\mu_2\sum_{i=1}^{n}D_i^2 \end{aligned} \tag{6-11}$$

综合式(6-10)与式(6-11),可得

$$\begin{aligned} D^{\alpha}V(t) &= D^{\alpha}V_1(t) + D^{\alpha}V_2(t) \\ &< -\sigma \|\boldsymbol{e}(t)\|^2 + \kappa\exp(-\varepsilon t) + \sum_{i=1}^{n}|e_i(t)|(D_i - \hat{D}_i) \\ &\quad - \sum_{i=1}^{n}|e_i(t)|(D_i - \hat{D}_i) - \frac{1}{2}\mu_2\sum_{i=1}^{n}(D_i - \hat{D}_i)^2 + \frac{1}{2}\mu_2\sum_{i=1}^{n}D_i^2 \\ &= -\sigma \|\boldsymbol{e}(t)\|^2 + \kappa\exp(-\varepsilon t) - \frac{1}{2}\mu_2\sum_{i=1}^{n}(D_i - \hat{D}_i)^2 + \frac{1}{2}\mu_2\sum_{i=1}^{n}D_i^2 \\ &\leqslant -pV(t) + q \end{aligned}$$

其中,$p = \min\{2\sigma, \mu_1\mu_2\}$ 与 $q = \kappa\exp(-\varepsilon t_0) + \frac{1}{2}\mu_2\sum_{i=1}^{n}D_i^2$ 都是正常数。

根据引理 6.3 可以推导出

$$V(t) \leqslant V(0)E_{\alpha}(-pt^{\alpha}) + qt^{\alpha}E_{\alpha,\alpha+1}(-pt^{\alpha}),\ t \geqslant 0 \tag{6-12}$$

下一步,证明

$$\lim_{t\to+\infty} V(t) = 0$$

一方面,因为

$$\arg(-pt^{\alpha}) = -\pi,\ |-pt^{\alpha}| \geqslant 0, \forall t \geqslant 0,\ \forall \alpha \in (0,1)$$

根据引理 6.4 可知,存在一个正常数 C 使得

$$|E_{\alpha}(-pt^{\alpha})| \leqslant \frac{C}{1+pt^{\alpha}} \to 0 \ (t \to +\infty)$$

所以

$$\lim_{t\to+\infty} V(0)E_{\alpha}(-pt^{\alpha}) = 0 \tag{6-13}$$

另一方面，通过引理 6.5 可得

$$\| t^{\alpha}E_{\alpha,\alpha+1}(-pt^{\alpha}) \| \leqslant \eta_2 \| t^{\alpha}\exp(-pt) \| = \eta_2 t^{\alpha}\exp(-pt) \to 0 \ (t\to+\infty)$$

这意味着

$$\lim_{t\to+\infty} t^{\alpha}E_{\alpha,\alpha+1}(-pt^{\alpha}) = 0 \tag{6-14}$$

综合式(6-12)~式(6-14)的结果，可以推出

$$\lim_{t\to+\infty} V(t) \leqslant \lim_{t\to+\infty} V(0)E_{\alpha}(-pt^{\alpha}) + q\lim_{t\to+\infty} t^{\alpha}E_{\alpha,\alpha+1}(-pt^{\alpha}) = 0$$

从而有

$$\lim_{t\to+\infty} \| \boldsymbol{e}(t) \| \leqslant \lim_{t\to+\infty} \sqrt{2V(t)} = 0$$

所以

$$\lim_{t\to+\infty} \| \boldsymbol{e}(t) \| = 0$$

这意味着分数阶混沌系统(6-1)和(6-2)达到了网络同步。

证毕。

接下来，证明本章所设计的组合型事件触发同步方案可以避免 Zeno 行为。

定理 6.2 设 $0<\alpha<1$，对分数阶混沌系统(6-1)和(6-2)，如果采用事件触发机制(6-7)和自适应控制律(6-7)和(6-8)，那么在网络同步过程中，所有的事件触发间隔都存在一个正的下限，因此不会发生 zeno 行为。

证明：从定理 6.1 的证明过程可知，$D^{\alpha}\boldsymbol{e}(t)$ 是有界的。因此，对任意 $t\in[t_k, t_{k+1})$，一定存在一个正常数 M，使得

$$\| D^{\alpha}\boldsymbol{e}(t) \| \leqslant M$$

所以

$$\begin{aligned}
\| \delta(t) \| &= \| \boldsymbol{e}(t) - \boldsymbol{e}(t_k) \| = \| D_{t_k}^{-\alpha} D_t^{\alpha} \boldsymbol{e}(t) \| \\
&= \left\| \frac{1}{\Gamma(\alpha)} \int_{t_k}^{t} (t-\tau)^{\alpha-1} D^{\alpha}\boldsymbol{e}(\tau)\mathrm{d}\tau \right\| \\
&= \frac{1}{\Gamma(\alpha)} \int_{t_k}^{t} (t-\tau)^{\alpha-1} \| D^{\alpha}e(\tau) \| \mathrm{d}\tau \\
&\leqslant \frac{M}{\Gamma(\alpha)} \int_{t_k}^{t} (t-\tau)^{\alpha-1} \mathrm{d}\tau
\end{aligned}$$

$$= \frac{M(t - t_k)^\alpha}{\Gamma(\alpha + 1)}$$

设 t 时刻之前最近的事件触发时刻为 t_k，根据组合型事件触发条件的定义可知，在满足以下条件的时刻 t^* 之前，下一个事件不会被触发

$$\| \delta(t^*) \| = [\rho(K) \| e(t^*) \|^2 + \overline{\kappa}(K)\exp(-\varepsilon t^*)]^{\frac{1}{2}}$$

由此可知

$$t^* \in (t_k, t_{k+1})$$

记 $\Delta t = t^* - t_k$，则有

$$[\rho(K) \| e(t_k + \Delta t) \|^2 + \overline{\kappa}(K)\exp(-\varepsilon(t_k + \Delta t))]^{\frac{1}{2}} \leqslant \frac{M(\Delta t)^\alpha}{\Gamma(\alpha + 1)} \tag{6-15}$$

显然，对于所有 $t \geqslant 0$，不等式(6－15)的左侧都是严格正的。

所以

$$\Delta t > 0$$

进而有

$$t_{k+1} - t_k > \Delta t > 0$$

即所有的事件触发间隔都存在一个正的下限，因此，同步过程中不存在Zeno行为。

证毕。

6.4 数值仿真

本节将通过3个仿真算例，来验证文中设计的基于组合型事件触发机制的网络同步方案的有效性和先进性。

6.4.1 仿真算例1

考虑文献[63]中讨论的含有参数不确定性和未知扰动的分数阶混沌经济系统，其中，驱动系统的数学模型为

$$\begin{pmatrix} D^\alpha x_1 \\ D^\alpha x_2 \\ D^\alpha x_3 \end{pmatrix} = \underbrace{\begin{pmatrix} -\theta_1 & 0 & 1 \\ 0 & -\theta_2 & 0 \\ -1 & 0 & -\theta_3 \end{pmatrix}}_{A} \begin{pmatrix} x_1 \\ x_2 \\ x_3 \end{pmatrix} + \underbrace{\begin{pmatrix} 0.01x_1 \\ -0.01x_2 \\ 0.01x_3 \end{pmatrix}}_{\Delta A_1 x} + \underbrace{\begin{pmatrix} x_1 x_2 \\ 1 - x^2 \\ 0 \end{pmatrix}}_{f(x,t)}$$

$$
+\underbrace{\begin{pmatrix} 0.02x_1x_2 \\ -0.02x_2x_3 \\ -0.02x_1x_3 \end{pmatrix}}_{\Delta f_1}+\underbrace{\begin{pmatrix} -0.01\cos t \\ 0.01\sin t \\ -0.01\sin 2t \end{pmatrix}}_{d_1(t)} \tag{6-16}
$$

其中，三个状态分量 x_1、x_2 和 x_3 分别代表经济学中利率（Interest rate）、投资需求（Investment demand）与价格指数（Price index）。θ_1、θ_2 和 θ_3 表示系统参数，它们都是正常数，在经济模型中，这三个参数分别代表了商业市场的储蓄量（Saving amount）、投资成本（Cost per investment）和需求弹性（Elasticity of demand）。当 $\theta_1=1$，$\theta_2=0.1$，$\theta_3=1$ 且 $\alpha=0.9$ 时，该系统表现出混沌行为。图 6.2（a）描绘了经济系统（6-16）的混沌吸引子。

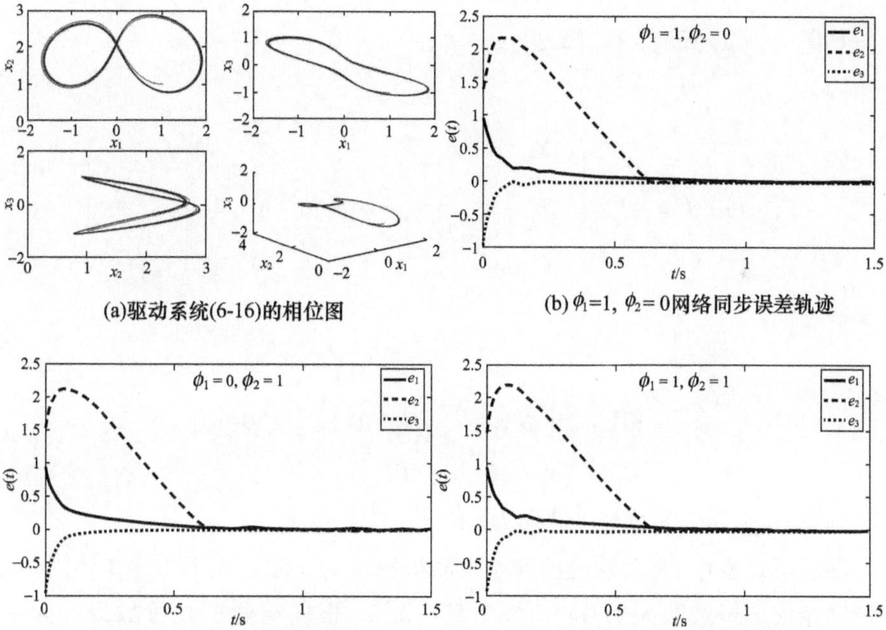

(a)驱动系统(6-16)的相位图

(b) $\phi_1=1$, $\phi_2=0$网络同步误差轨迹

(c) $\phi_1=0$, $\phi_2=1$网络同步误差轨迹

(d) $\phi_1=1$, $\phi_2=1$网络同步误差轨迹

图 6.2 驱动系统（6-16）的混沌相位图和不同事件触发机制下的同步误差

设与驱动系统（6-16）对应的响应系统为

$$
\begin{pmatrix} D^{\alpha}y_1 \\ D^{\alpha}y_2 \\ D^{\alpha}y_3 \end{pmatrix}=\underbrace{\begin{pmatrix} -\theta_1 & 0 & 1 \\ 0 & -\theta_2 & 0 \\ -1 & 0 & -\theta_3 \end{pmatrix}}_{A}\begin{pmatrix} y_1 \\ y_2 \\ y_3 \end{pmatrix}+\underbrace{\begin{pmatrix} -0.02y_1 \\ 0.01y_2 \\ 0.02y_3 \end{pmatrix}}_{\Delta A_2 y}+\underbrace{\begin{pmatrix} y_1y_2 \\ 1-y^2 \\ 0 \end{pmatrix}}_{f(y,t)}
$$

$$+\underbrace{\begin{pmatrix}0.01y_1y_2\\-0.02y_2y_3\\-0.01y_1y_3\end{pmatrix}}_{\Delta f_2}+\underbrace{\begin{pmatrix}0.01\sin 2t\\-0.01\cos t\\-0.02\cos t\end{pmatrix}}_{d_2(t)}+\underbrace{\begin{pmatrix}u_1(t)\\u_2(t)\\u_3(t)\end{pmatrix}}_{u(t)}$$

因为

$$\frac{1}{2}(\boldsymbol{A}^{\mathrm{T}}+\boldsymbol{A})=\begin{pmatrix}-1&0&0\\0&-0.1&0\\0&0&-1\end{pmatrix}$$

因此,可以算出

$$\lambda=\max\{-1,-0.1\}=-0.1$$

如图 6.2(a)所示,$|x_1|\leqslant 2$,$|x_2|\leqslant 3$。

因为

$$\boldsymbol{f}(\boldsymbol{y},t)-\boldsymbol{f}(\boldsymbol{x},t)=\begin{pmatrix}y_1y_2-x_1x_2\\x_1^2-y_1^2\\0\end{pmatrix}=\begin{pmatrix}y_2&x_1&0\\-x_1-y_1&0&0\\0&0&0\end{pmatrix}\begin{pmatrix}y_1-x_1\\y_2-x_2\\y_3-x_3\end{pmatrix}$$

从而有

$$\max\left\{\left\|\begin{pmatrix}y_2&x_1&0\\-x_1-y_1&0&0\\0&0&0\end{pmatrix}\right\|\right\}\leqslant 10$$

因此,Lipschitz 常数可以选为 $L=10$。

在仿真过程中,驱动系统的初始值随机选取为 $\boldsymbol{x}(0)=[1,1,-1]^{\mathrm{T}}$,响应系统的初始值随机选取为 $\boldsymbol{y}(0)=[2,2.5,-2]^{\mathrm{T}}$。根据定理 6.1,参数设计为 $\kappa=0.005$,$\varepsilon=0.5$ $\mu_1=10$,$\mu_2=0.2$,$\sigma=0.5$,控制器增益设计为 $K=21$。

为了便于分析对比,将组合型事件触发条件(6-7)改写为

$$\|\boldsymbol{\delta}(t)\|^2<\phi_1\rho(K)\|\boldsymbol{e}(t)\|^2+\phi_2\bar{\kappa}(K)\exp(-\varepsilon t)\qquad(6-17)$$

其中,$\phi_1,\phi_2\in\{0,1\}$。

为了证明本章所提出的网络同步方案的先进性,依据式(6-17),按表 6.1 所列的三种情况分别进行仿真,仿真结果如图 6.2 和图 6.3 所示。

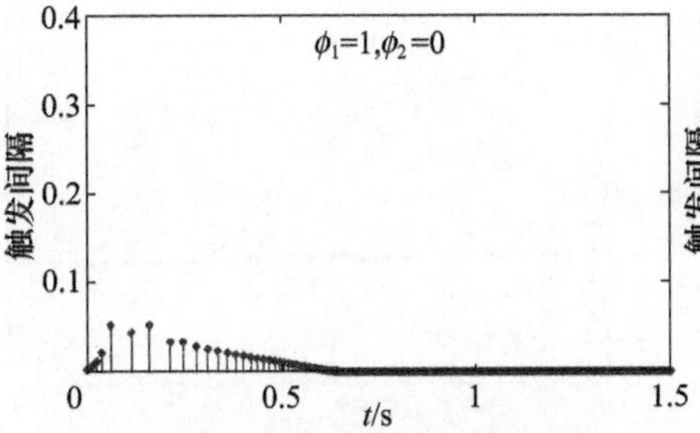

(a) $\phi_1=1,\phi_2=0$ 时的事件触发间隔

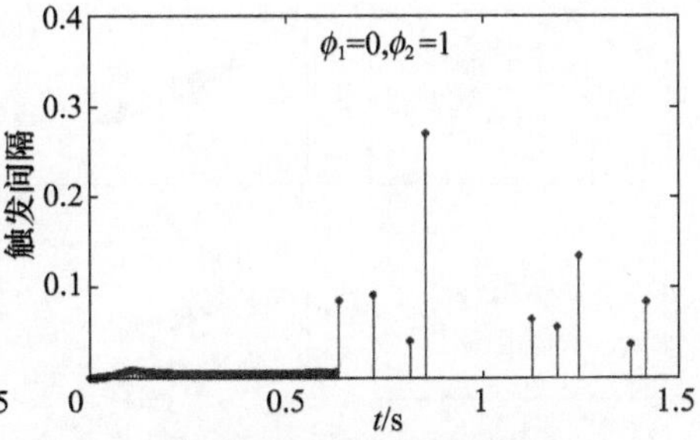

(b) $\phi_1=0,\phi_2=1$ 时的事件触发间隔

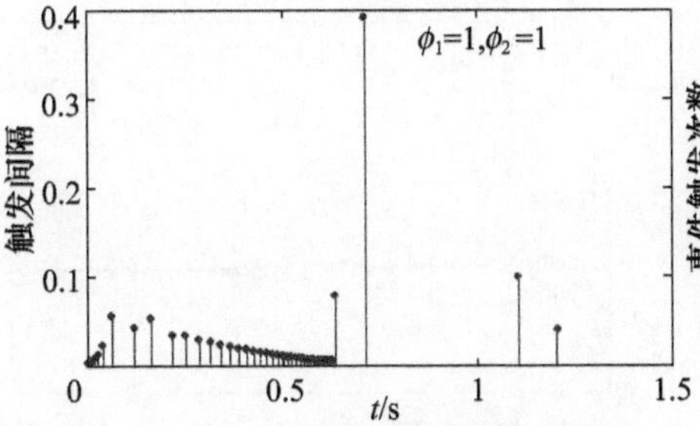

(c) $\phi_1=1,\phi_2=1$ 时的事件触发间隔

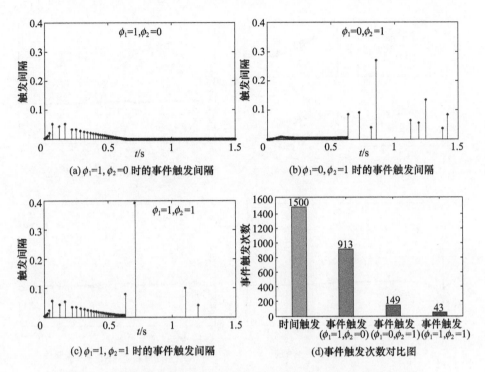

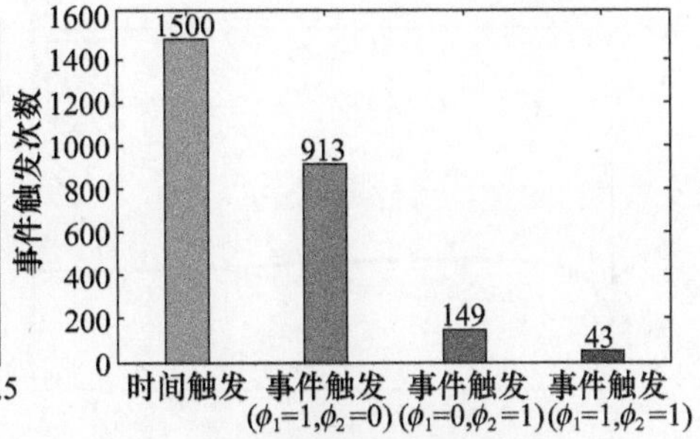

(d)事件触发次数对比图

图 6.3 不同事件触发机制下的事件触发间隔和事件触发次数对比图

6.4.2 仿真算例 2

考虑文献[64]中提到的 Genesio – Tesi 分数阶混沌系统。

驱动系统:

$$\begin{pmatrix} D^{\alpha}x_1 \\ D^{\alpha}x_2 \\ D^{\alpha}x_3 \end{pmatrix} = \underbrace{\begin{pmatrix} 0 & 1 & 0 \\ 0 & 0 & 1 \\ -a_1 & -a_2 & -a_3 \end{pmatrix}}_{A}\begin{pmatrix} x_1 \\ x_2 \\ x_3 \end{pmatrix} + \underbrace{\begin{pmatrix} 0.01x_1 \\ -0.01x_2 \\ 0.01x_3 \end{pmatrix}}_{\Delta A_1 x} + \underbrace{\begin{pmatrix} 0 \\ 0 \\ a_4 x_1^2 \end{pmatrix}}_{f(x,t)}$$

$$+ \underbrace{\begin{pmatrix} 0.02x_1x_2 \\ -0.02x_2x_3 \\ -0.02x_1x_3 \end{pmatrix}}_{\Delta f_1} + \underbrace{\begin{pmatrix} -0.01\cos t \\ 0.01\sin t \\ -0.01\sin 2t \end{pmatrix}}_{d_1(t)} \tag{6-18}$$

当参数分别取值 $a_1=6$, $a_2=2.92$, $a_3=1.2$, $a_4=1$ 和 $\alpha=0.93$ 时,驱动系统(6 – 18)的混沌轨迹可以通过图 6.4(a)来描绘。

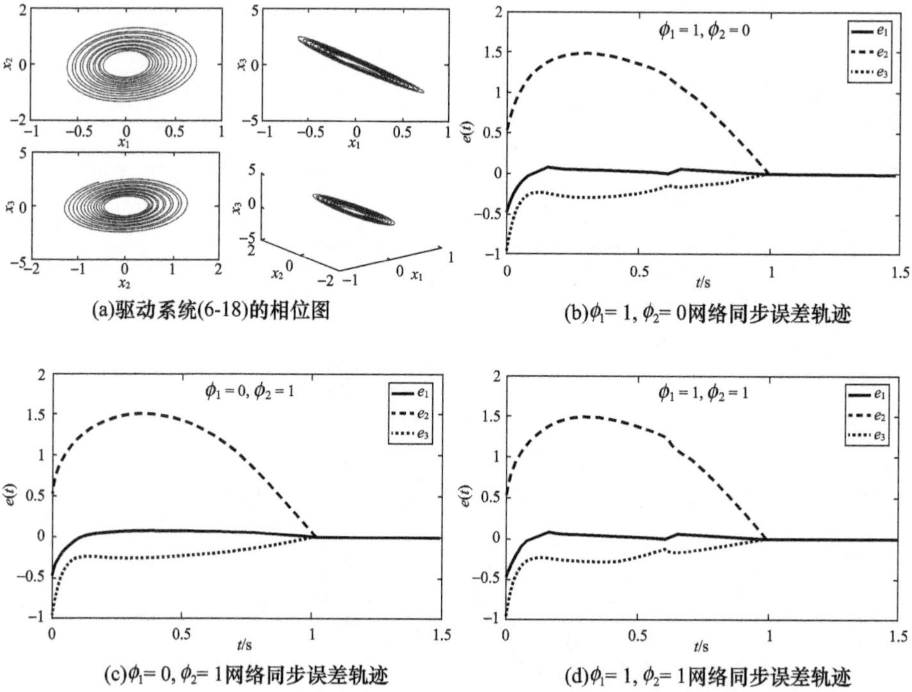

图 6.4　驱动系统(6－18)的混沌相位图和不同事件触发机制下的同步误差

设与驱动系统(6－18)对应的响应系统为

$$\begin{pmatrix} D^{\alpha}y_1 \\ D^{\alpha}y_2 \\ D^{\alpha}y_3 \end{pmatrix} = \underbrace{\begin{pmatrix} 0 & 1 & 0 \\ 0 & 0 & 1 \\ -a_1 & -a_2 & -a_3 \end{pmatrix}}_{A} \begin{pmatrix} y_1 \\ y_2 \\ y_3 \end{pmatrix} + \underbrace{\begin{pmatrix} -0.02y_1 \\ 0.01y_2 \\ 0.02y_3 \end{pmatrix}}_{\Delta A_2 y} + \underbrace{\begin{pmatrix} 0 \\ 0 \\ a_4 y_1^2 \end{pmatrix}}_{f(y,t)}$$

$$+ \underbrace{\begin{pmatrix} 0.01y_1y_2 \\ -0.02y_2y_3 \\ -0.01y_1y_3 \end{pmatrix}}_{\Delta f_2} + \underbrace{\begin{pmatrix} 0.01\sin 2t \\ -0.01\cos t \\ -0.02\cos t \end{pmatrix}}_{d_2(t)} + \underbrace{\begin{pmatrix} u_1(t) \\ u_2(t) \\ u_3(t) \end{pmatrix}}_{u(t)}$$

容易算出，$\lambda=2.815$，$L=4$。

在该仿真实验中，驱动系统和响应系统的初始状态分别为 $\boldsymbol{x}(0)=[-0.1, 0.5, 0.2]^{\mathrm{T}}$ 和 $\boldsymbol{y}(0)=[0.6, 1, -0.8]^{\mathrm{T}}$，根据定理 6.1，控制器增益设计为 $K=21$，其他参数设计为 $\kappa=0.005$，$\varepsilon=0.5$ $\mu_1=10$，$\mu_2=0.2$，$\sigma=0.5$。那么，在控制器(6－8)和参数自适应律(6－9)的作用下，网络同步的仿真结果如图 6.4 和图 6.5 所示。

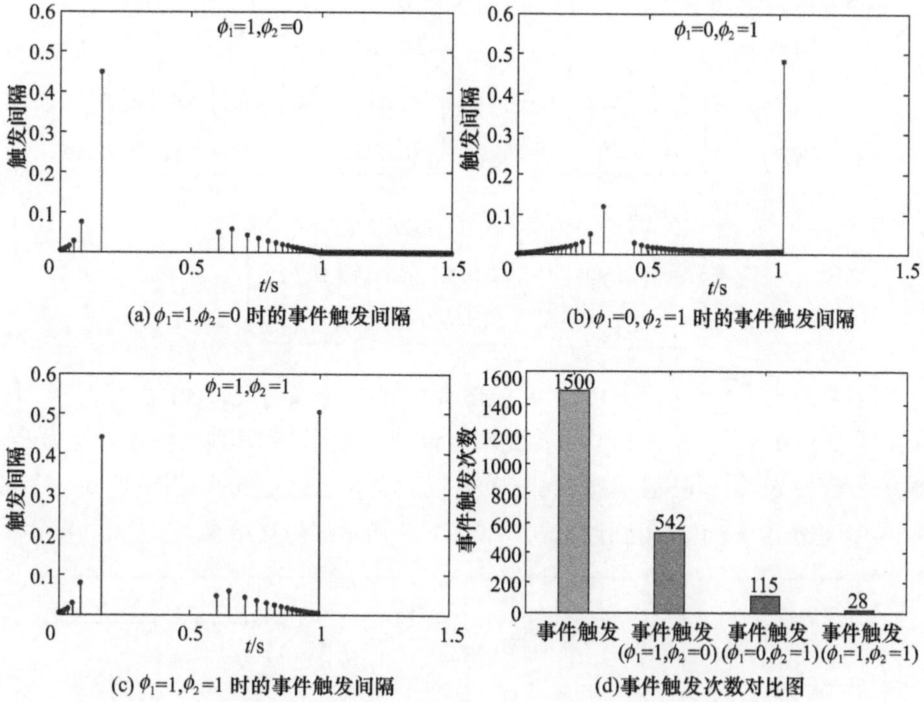

图 6.5 不同事件触发机制下的事件触发间隔和事件触发次数对比图

6.4.3 仿真算例 3

考虑文献[65]介绍的分数阶混沌系统,它是由 Sundarapandian Vaidyanathan 提出的四翼混沌系统演变出来的,具体如下。

驱动系统。

$$\begin{pmatrix} D^{\alpha}x_1 \\ D^{\alpha}x_2 \\ D^{\alpha}x_3 \end{pmatrix} = \underbrace{\begin{pmatrix} -a & a & 0 \\ d & -1 & 0 \\ 0 & 0 & c \end{pmatrix}}_{A}\begin{pmatrix} x_1 \\ x_2 \\ x_3 \end{pmatrix} + \underbrace{\begin{pmatrix} 0.01x_1 \\ -0.01x_2 \\ 0.01x_3 \end{pmatrix}}_{\Delta A_1 x} + \underbrace{\begin{pmatrix} bx_2x_3 \\ -px_2^3 + 4x_1x_3 \\ -x_1x_2 \end{pmatrix}}_{f(x,t)}$$

$$+ \underbrace{\begin{pmatrix} 0.02x_1x_2 \\ -0.02x_2x_3 \\ -0.02x_1x_3 \end{pmatrix}}_{\Delta f_1} + \underbrace{\begin{pmatrix} -0.01\cos t \\ 0.01\sin t \\ -0.01\sin 2t \end{pmatrix}}_{d_1(t)} \tag{6-19}$$

当参数分别取值 $a=3$, $b=15$, $c=5$, $d=0.1$, $p=10$ 和 $\alpha=0.99$ 时,上述系统表现出混沌行为,其混沌轨迹如图 6.6(a)所示。

与混沌系统(6-19)对应的响应系统可表示为

$$\begin{pmatrix} D^{\alpha}y_1 \\ D^{\alpha}y_2 \\ D^{\alpha}y_3 \end{pmatrix} = \underbrace{\begin{pmatrix} -a & a & 0 \\ d & -1 & 0 \\ 0 & 0 & c \end{pmatrix}}_{A}\begin{pmatrix} y_1 \\ y_2 \\ y_3 \end{pmatrix} + \underbrace{\begin{pmatrix} -0.02y_1 \\ 0.01y_2 \\ 0.02y_3 \end{pmatrix}}_{\Delta A_2 y} + \underbrace{\begin{pmatrix} by_2y_3 \\ -py_2^3+4y_1y_3 \\ -y_1y_2 \end{pmatrix}}_{f(y,t)}$$

$$+\underbrace{\begin{pmatrix} 0.01y_1y_2 \\ -0.02y_2y_3 \\ -0.01y_1y_3 \end{pmatrix}}_{\Delta f_2} + \underbrace{\begin{pmatrix} 0.01\sin 2t \\ -0.01\cos t \\ -0.02\cos t \end{pmatrix}}_{d_2(t)} + \underbrace{\begin{pmatrix} u_1(t) \\ u_2(t) \\ u_3(t) \end{pmatrix}}_{u(t)}$$

容易算出,$\lambda=5.0$,$L=100$。在该仿真算例中,初始状态取值为 $\boldsymbol{x}(0)=[1,1,1]^{\mathrm{T}}$ 及 $\boldsymbol{y}(0)=[1.5,0,1.5]^{\mathrm{T}}$,控制增益设计为 $K=214$,其他的参数设计为 $\kappa=0.05$,$\varepsilon=0.5$,$\mu_1=6$,$\mu_2=0.2$,$\sigma=0.4$。那么,在自适应同步控制律(6-8)和(6-9)的作用下,可以得到如图6.6和图6.7所示的仿真结果。

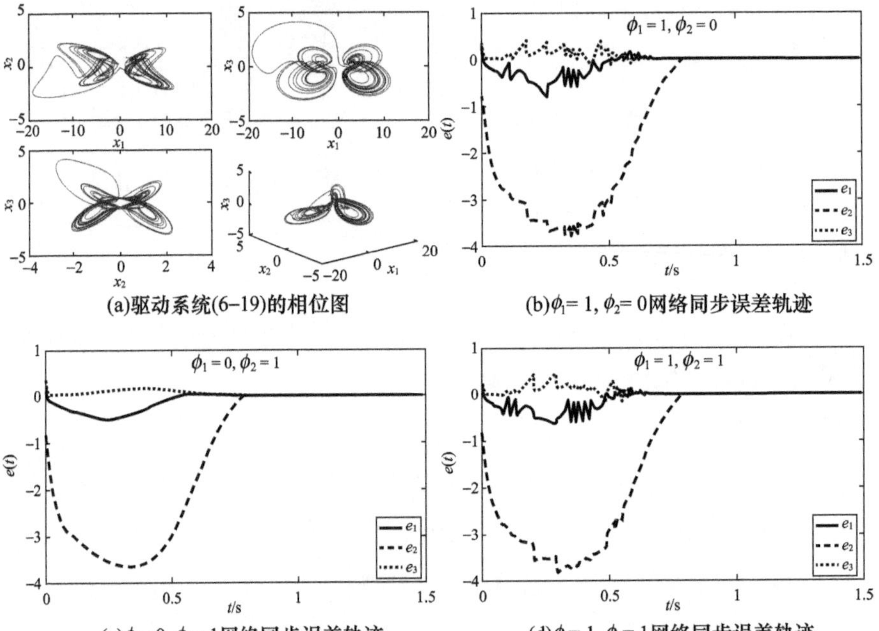

(a)驱动系统(6-19)的相位图　(b)$\phi_1=1, \phi_2=0$网络同步误差轨迹

(c)$\phi_1=0, \phi_2=1$网络同步误差轨迹　(d)$\phi_1=1, \phi_2=1$网络同步误差轨迹

图6.6　驱动系统(6-19)的相图及同步误差轨迹比较

从图6.2(b)、图6.4(c)和图6.6(d)可以看出,在自适应控制律(6-8)和(6-9)的作用下,无论采用何种触发机制,都能获得满意的同步性能。

如图6.3(a)、图6.5(b)和图6.7(c)所示,如果采用标准型事件触发机制,当 $\|\boldsymbol{e}(t)\|$ 接近零时,特别是同步保持阶段,样本释放(即事件触发)就会非常

频繁。另一方面,如果采用指数型事件触发机制,当 $\|\boldsymbol{e}(t)\|$ 较大时,样本释放(即事件触发)得非常密集。然而,当采用本章提出的组合型事件触发机制时,上述两种不良现象都得到了避免,整个同步过程中事件触发都比较稀疏。

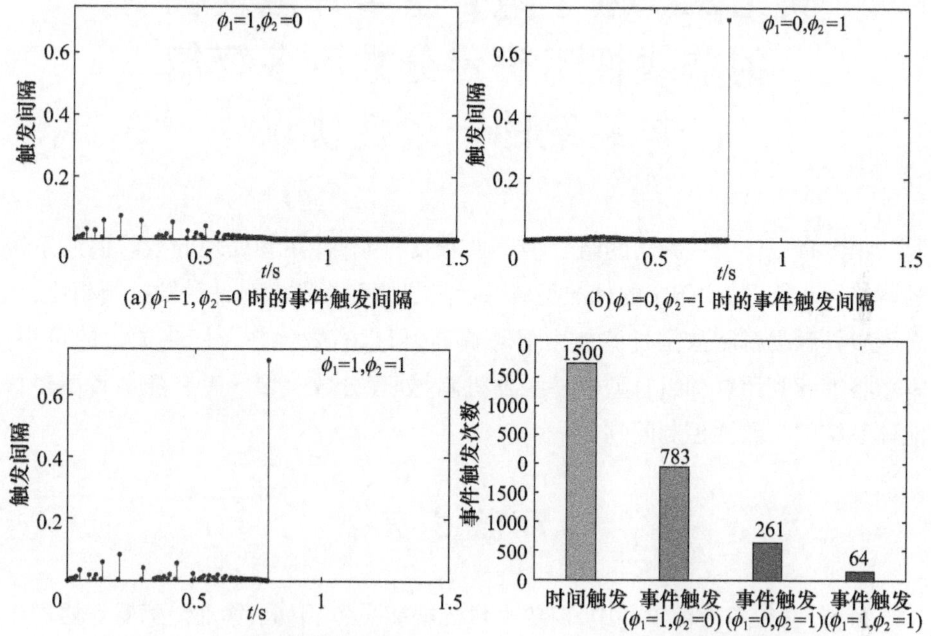

(a) $\phi_1=1, \phi_2=0$ 时的事件触发间隔

(b) $\phi_1=0, \phi_2=1$ 时的事件触发间隔

(c) $\phi_1=1, \phi_2=1$ 时的事件触发间隔

(d)事件触发次数对比图

图 6.7　控制器端样本释放时刻及控制器端样本使用数量对比图

从图 6.2(d)、图 6.4(d)和图 6.6(d)可以看出,与两种传统的事件触发机制相比,在本章设计的组合型事件触发机制作用下,网络系统中控制器端使用的样本数量显著减少,即事件触发的次数显著减少,这表明本章设计的网络同步方案显著地节约了网络资源。

6.5　本章小结

本章讨论了非线性不确定分数阶混沌系统的网络同步通信问题。首先,建立了一种新的组合型事件触发机制,以 Zeno 现象避免、减少事件触发频率。然后,设计了一种基于组合型事件触发机制的自适应控制器,在参数未知和外部扰动存在的情况下,实现了两个分数阶混沌系统的快速网络同步。最后,通过数值仿真证明了该网络同步方案的可行性和高效性。值得指出的是,本章所设计的组合型事件触发机制也可用于处理分数阶或整数阶系统的其他控制问题。

第七章　基于组合型事件触发机制的非线性不确定分数阶多智能体系统的一致性协议

第六章设计了一种新的组合型事件触发机制，并用其处理分数阶混沌系统的网络同步问题，和传统的标准型事件触发机制和指数型事件触发机制相比，组合型事件触发机制数据过滤能力显著提高，可以有效地降低网络宽带的负担。本章将继续利用这种组合型事件触发机制，处理分数阶领导者 - 随从者型多智能体系统的一致性控制问题。

7.1　引言

目前，在很多通信工程中，需要大量的智能设备、卫星、移动传感器等协同工作，完成复杂的任务，从而使得多智能体系统（Multi - Agent System，MAS）越来越受到人们的关注。多智能体之间的协同合作会能够有效提高个体行为的智能化程度，有利于更好地完成很多单个个体无法完成的任务，因此，多智能体系统具有高效率、高容错性和内在的并行性等优点。目前，多智能体协调控制技术已在无线传感器网络、保密通信、多机械臂协同装配、卫星编组、无人机编队、航天器集群深空探测等领域得到广泛应用[66]。

多智能体一致性控制是多智能体协调控制的重要目标之一，也是网络控制问题中的典型问题。多智能体一致性问题常用的模型有两种：无领导者模型和领导者 - 随从者模型（也称为主 - 从式模型）。其中，无领导者模型，指的是系统中的各个智能体具有完全相同的地位，针对该模型，一致性控制的目标就是使得所有节点最终趋于一致。领导者 - 随从者模型指的是多智能体系统中存在一类特殊的“领导者”（也称为头节点），其他个体称为“随从者”（也称为从节点）。“领导者”通常是系统的参考基准或者系统的跟踪目标，它们既可以是真实存在的，也可以是虚拟的，对领导者 - 随从者模型，一致性控制的目标是让所有的从节点都能够和头节点保持一致。领导者 - 随从者型多智能体系统的一致性是有现实意义的，如大雁的迁徙，无人机的编队、卫星通信等。因此，在实际应用中，领导者－随从者型多智能体系统的一致性问题更受关注。所以，本章也将研究对象设定为领导者－随从者型多智能体系统。

目前关于多智能体一致性控制的研究主要集中在用整数阶动力学描述的多智能体系统上，如一阶积分器动力系统[67]、二阶积分器动力系统[68]和高阶积分动力系统等。然而，对于很多应用于高分子流体、多孔介质或微生物觅食、保密通信等工作中的多智能体系统而言，分数阶微积分可以提供比整数微积分更精确的动态系统模型。因此，研究分数阶多智能体系统的一致性问题是非常有意义的。Cao 首次研究了分数阶系统的一致性问题[69]。此后，其他一些关于分数阶多智能体系统的研究相继出现。

在实际应用中，许多多智能体系统通常都是在有限的资源约束下设计的，如星载资源、处理器容量、通信带宽和驱动能力等。同时，施加给控制器的数字处理器的计算量与其接受的数据量成正比，即控制器接收的数据越多，计算量越大，数字处理器的负荷就越大。因此，对于许多复杂的网络系统，都期望在不损害一致性性能的前提下，使得各个智能体尽可能少地更新其控制器及执行器的输入。为了解决这一问题，事件触发（驱动）控制策略应运而生，其基本思想是在某个事件被触发（即某些预先定义的条件被违反）之前，执行器的采样数据保持不变（即采样数据不更新），从而减轻资源占用的负担。

目前为止，整数阶多智能体系统的事件触发机制在理论和实践上都取得了丰富的成果，使得分数阶系统的事件触发机制成为一个非常有前途的研究课题。然而，分数阶微分系统与整数阶微分系统仍然存在本质区别。大多数用于处理整数阶系统的方法、性质和结论不能简单地推广到分数阶情形，如 Lyapunov 直接法。这就是说，对于分数阶情形，缺乏理论工具成为最大的障碍。因此，分数阶系统的研究成果远远少于整数阶系统的研究成果，这就意味着这一课题仍具有挑战性。

目前，关于事件触发机制下分数阶多智能体系统一致性控制的研究结果甚少。文献[70]首次将整数阶系统常用的标准型事件触发机制引入分数阶系统，并用它来处理分数阶多智能体系统的一致性问题。在准型事件触发机制中，下一个事件触发时刻是由下面的式子来描述的

$$t_{k+1} = t_k + \min\{t \mid \|\delta_k(t)\|^2 > \sigma \|x(t)\|^2\}$$

其中，$\boldsymbol{x}(t)$表示状态向量，$\boldsymbol{\delta}_k(t) = \boldsymbol{x}(t) - \boldsymbol{x}(t_k)$表示绝对误差，$\sigma \in (0,1)$是预先设定的阈值参数。由于阈值函数只与当前状态的范数有关，该方法的实质是通

过判断相对误差来确定是否更新采样数据的。但是,由于该触发条件不依赖于样本的绝对误差,所以在 $\|\boldsymbol{x}(t)\|$ 接近零时,很容易导致频繁的采样,甚至产生 Zeno 行为。

由于该事件触发机制是直接使用各随从者与领导者之间一致性误差设计的,是集中式的。另外,所有的随从者按照同一个事件触发条件进行同步更新,因此该方法有一定的局限性。2018 年,Shi 等使用该事件触发机制处理了分数阶多智能体系统的指数型一致性问题[71],2019 年,Ren 又将该事件触发机制推广到独立触发的情形,并用其来处理无领导者的分数阶多智能体系统的一致性[72]。

文献[73]则利用指数型事件触发机制研究了主从型非线性分数阶多智能体系统的一致性问题,对于指数型事件触发机制,其阈值函数是一个依指数递减的函数,在该触发机制的作用下,下一个事件触发时刻由下面的触发条件决定

$$t_{k+1}=t_k+\min\{t\mid \|\boldsymbol{\delta}_k(t)\|^2>\beta\exp(-\gamma t)\}$$

其中,常数 $\beta>0,\gamma>0$ 表示阈值参数。该方法的优点是可以避免 Zeno 行为,缺点是事件触发条件仅依赖于样本的绝对误差,而与其相对误差无关,这意味着当样本 $\|x(t)\|$ 较大时,该机制过滤样本数据的能力很差。

通过上面的比较和分析可知,如何将这两种典型的事件触发机制结合起来,最大限度地发挥它们的优势并克服它们的弱点,或者设计出比这两种机制更好的方法来处理分数阶混沌系统的同步问题,是很有意义富有挑战性的。在第六章,我们设计了一种组合型事件驱动机制来处理分数阶混沌系统的网络同步问题,理论及仿真结果证明该组合型事件触发机制集中了两种传统事件触发机制的优点,能够有效地降低事件触发频率。本章我们将尝试把该组合型事件触发机制应用到分数阶多智能体系统的一致性控制中。

在很多关于事件触发机制下的多智能体系统一致性的研究中,所有智能体的控制器按照同一个事件触发机制进行同步更新。由于没有考虑个体差异,该类方法不能确保每个智能体都达到其最优更新频率。因此,有必要为每个智能体设计相互独立的事件触发机制。这是激发本章研究的另一个因素。

在实际应用中,由于受到各种干扰因素的影响,多智能体系统中不可避免会出现各种不确定性和扰动,如果不考虑这些因素,必然会对一致性性能造成一定程度的影响。

鉴于上述讨论,本章设计一种典型的独立式组合型事件触发机制,并用来处理含有未知参数的非线性分数阶多智能体系统的一致性控制。本章的其余部分

内容如下,第7.2节给出了一些预备知识和问题陈述,第7.3节设计一种新的组合型事件触发机制,并在此基础上构造了一种一致性控制方案,在保证多智能体系统的良好一致性性能的同时,有效节约网络资源,第7.4节给出一个具体的仿真实例,并与已有的方法进行比较,验证本章所设计的一致性策略的有效性和优越性,最后,在第7.5节给出本章的小结。

和其他研究结果相比,本章的创新点主要表现在以下几个方面。

首先,首次讨论了基于事件触发机制的不确定分数阶混沌多智能体系统的独立式一致性控制问题。

其次,结合现有的两种典型事件触发机制标准型事件触发机制和指数型事件触发机制的优点,设计了组合型事件触发机制,该触发机制在整个同步过程中都有较强的数据过滤能力。

最后,独立式触发策略的引入增加了事件触发机制的灵活性,进一步提高了数据的筛选能力。

7.2 预备知识和问题描述

与本章研究相关的分数阶微分及分数阶系统的相关知识,已经在第六章的第一节进行了详细的介绍,本节重点介绍建立多智能体系统数学模型的必备知识:代数图论。

7.2.1 代数图论

多智能体系统之间信息交互的数学拓扑结构可以通过有向图或无向图来进行刻画。每个智能体可以视为图中的一个节点(或顶点),各个智能体之间的通信关系可以通过图的边来表示。

设 $G=(V,E,A)$ 表示无向图,其中,$V=\{v_1,v_2,\cdots,v_N\}$ 是节点集(或顶点集),$E=\{e_{ij}\}\subseteq V\times V$ 是边集,其中,$i,j\in\{1,2,\cdots,N\}$。图 G 的一条边可以表示为 $e_{ij}=(v_i,v_j)\in E$,表示节点 v_j 可以直接获得节点 v_j 的信息。$N_i=\{v_j:(v_j,v_i)\in E\}$ 表示节点 v_i 的邻点集。从节点 v_i 到 v_j 之间的一条路径可以用一组不同边 $(v_i,v_{i1}),(v_{i1},v_{i2}),\cdots,(v_{i1},v_j)$ 组成的有向序列来表示。

如果在任意两个节点之间存在一条路径,使得它们之间可以实现信息交互,则称图 G 是连通的。

如果 V 的两个节点在 F 中相邻,当且仅当它们在 G 中相邻,则称 G 的子图 F

是一个诱导子图。在连通的情况下,一个最大的诱导子图称为 G 的一个分支。

多智能体系统 G 内部的关联性可以通过以下两个矩阵进行刻画:一个是加权邻接矩阵 $\boldsymbol{A}=[a_{ij}]\in\mathbb{R}^{N\times N}$,如果在节点 v_i 和 v_j 之间存在边,即 $(v_i,v_j)\in E$,那么,$a_{ij}>0$,否则 $a_{ij}=0$,反之亦然。假定 $a_{ii}=0$。对无向图而言,节点间信息的传递是双向的,即 $a_{ij}=a_{ji}$。另一个是 Laplacian 矩阵 $\boldsymbol{L}=\boldsymbol{D}-\boldsymbol{A}$,其中,对角矩阵 $\boldsymbol{D}=\mathrm{diag}\{d_1,d_2,\cdots,d_N\}$ 是图 G 的度矩阵,$d_i=\sum_{j=1}^{N}a_{ij}$ 表示第 i 个节点的度。Laplacian 矩阵 $\boldsymbol{L}=[l_{ij}]\in\mathbb{R}^{N\times N}$的元素满足

$$\begin{aligned} l_{ii} &= \sum_{j=1,j\neq i}^{N} l_{ij}, \\ l_{ij} &= -a_{ij}, i\neq j, \\ \sum_{j=1}^{N} l_{ij} &= 0 \end{aligned}$$

本章主要研究由 N 个从节点和一个头节点(leader)组成的主从式(leader-following)多智能体系统,将其头节点(leader)记为 v_0,从节点(followers)的拓扑结构表示为 G,则整个主从式多智能体系统的代数拓扑结构可表示为图 $\bar{G}$,$\bar{G}$ 的节点集记为 $\bar{V}=V\cup\{v_0\}$。头节点和从节点之间的信息传递是有向的,只能从头节点向从节点传递信息,头节点和从节点间的连接权矩阵表示为 $b_i,i\in\boldsymbol{I}$,其中,$\boldsymbol{I}=\{1,2,\cdots,N\}$是从节点的指标集。如果从节点 v_i 可以得到头节点 v_0 的信息,那么 $b_i>0$,否则 $b_i=0$,反之亦然。所谓“主从系统的图 $\bar{G}$是连通的”指的是,在从系统 G 中,至少有一个节点可以从头节点那里获得信息。$\boldsymbol{H}=\boldsymbol{L}+\boldsymbol{B}$ 是与 $\bar{G}$相关联的对称矩阵,其中,$\boldsymbol{L}$ 是 G 的 Laplacian 矩阵,$\boldsymbol{B}=\mathrm{diag}\{b_1,b_2,\cdots,b_N\}$。

7.2.2 矩阵的 Kronecker 积

定义 7.1[74] 设 $\boldsymbol{A}\in\mathbb{R}^{m\times n}$,$\boldsymbol{B}\in\mathbb{R}^{p\times q}$,则 $\boldsymbol{A}$ 与 $\boldsymbol{B}$ 的 Kronecker 积定义为

$$\boldsymbol{A}\otimes\boldsymbol{B}=\begin{bmatrix} a_{11}\boldsymbol{B} & \cdots & a_{11}\boldsymbol{B} \\ \vdots & & \vdots \\ a_{m1}\boldsymbol{B} & \cdots & a_{mn}\boldsymbol{B} \end{bmatrix}$$

引理 7.1[74] Kronecker 积具有以下重要的性质。

(1)双线性:

$$\boldsymbol{A}\otimes(\boldsymbol{B}+\boldsymbol{C})=\boldsymbol{A}\otimes\boldsymbol{B}+\boldsymbol{A}\otimes\boldsymbol{C}$$
$$(\boldsymbol{A}+\boldsymbol{B})\otimes\boldsymbol{C}=\boldsymbol{A}\otimes\boldsymbol{C}+\boldsymbol{B}\otimes\boldsymbol{C}$$

(2)结合律:

$$(\boldsymbol{A}\otimes\boldsymbol{B})\otimes\boldsymbol{C}=\boldsymbol{A}\otimes(\boldsymbol{B}\otimes\boldsymbol{C})$$

$$(k\boldsymbol{A})\otimes\boldsymbol{B}=\boldsymbol{A}\otimes(k\boldsymbol{B})=k(\boldsymbol{A}\otimes\boldsymbol{B})$$

(3)混合求积:

$$(\boldsymbol{A}\otimes\boldsymbol{B})(\boldsymbol{C}\otimes\boldsymbol{D})=(\boldsymbol{AC})\otimes(\boldsymbol{BD})$$

(4)转置:

$$(\boldsymbol{A}\otimes\boldsymbol{B})^{\mathrm{T}}=\boldsymbol{B}^{\mathrm{T}}\otimes\boldsymbol{A}^{\mathrm{T}}$$

(5)奇异值:

$(\boldsymbol{A}\otimes\boldsymbol{B})$的奇异值等于 $\boldsymbol{A}$ 与 $\boldsymbol{B}$ 的奇异值的积,

(6)可逆性:

$\boldsymbol{A}\otimes\boldsymbol{B}$ 可逆的充分必要条件是 $\boldsymbol{A}$ 与 $\boldsymbol{B}$ 都可逆,且

$$(\boldsymbol{A}\otimes\boldsymbol{B})^{-1}=\boldsymbol{A}^{-1}\otimes\boldsymbol{B}^{-1}$$

7.2.3 数学模型

考虑以下由一个领导者和 N 个随从者组成的主从式分数阶混沌多智能体系统。

领导者:

$$D^{\alpha}\boldsymbol{x}_0(t)=\boldsymbol{f}(t,\boldsymbol{x}_0(t))+\boldsymbol{w}_0(t) \tag{7-1}$$

第 i 个随从者:

$$D^{\alpha}\boldsymbol{x}_i(t)=\boldsymbol{f}(t,\boldsymbol{x}_i(t))+\boldsymbol{w}_i(t)+\boldsymbol{u}_i(t),i=1,2,\cdots,N \tag{7-2}$$

其中,$\boldsymbol{x}_0(t)=[x_{01}(t),x_{02}(t),\cdots,x_{0n}(t)]^{\mathrm{T}}\in\mathbb{R}^n$和$x_i(t)=[x_{i1}(t),x_{i2}(t),\cdots,x_{in}(t)]^{\mathrm{T}}\in\mathbb{R}^n$分别表示领导者和第 i 随从者的状态,$f:\mathbb{R}\times\mathbb{R}^n\rightarrow\mathbb{R}^n$是一个连续可微的向量函数,$\boldsymbol{w}_0(t)=[w_{01}(t),w_{02}(t),\cdots,w_{0n}(t)]^{\mathrm{T}}\in\mathbb{R}^n$和 $\boldsymbol{w}_i(t)=[w_{i1}(t),w_{i2}(t),\cdots,w_{in}(t)]^{\mathrm{T}}\in\mathbb{R}^n$,表示未知的外部时变扰动,$\boldsymbol{u}_i(t)\in\mathbb{R}^n$表示第 i 个从智能体的控制输入或一致性协议,$i=1,2,\cdots,N$。

首先,定义多智能体系统的一致性误差

$$\boldsymbol{e}_i(t)=\boldsymbol{x}_i(t)-\boldsymbol{x}_0(t),\ i=1,2,\cdots,N \tag{7-3}$$

本章的主要目标是设计一个基于事件触发机制的一致性控制协议,使得所有随从者的状态能够和领导者趋于一致,即

$$\lim_{t\to\infty}\boldsymbol{e}_i(t)=0,\ i=1,2,\cdots,N$$

结合图 $\overline{G}$ 的拓扑性质,定义第 i 个随从者的广义一致性误差

$$\boldsymbol{q}_i(t) = \sum_{j=1}^{N} a_{ij}(\boldsymbol{x}_i(t) - \boldsymbol{x}_j(t)) + b_i(\boldsymbol{x}_i(t) - \boldsymbol{x}_0(t)) \tag{7-4}$$

其中,$i=1,2,\cdots,N$。

注 7.1 多智能系统一致性的本质是所有随从者和领导者的状态快速趋于一致,这就意味着任意两个智能体的状态误差都收敛到零。和常规的一致性误差(7-3)相比,每一个随从者的广义误差(7-4),不仅考虑到了该随从者与领导者之间的误差,而且使用到了它与相邻随从者之间的误差。因此,用广义误差来设计一致性控制协议更有意义。

为便于讨论,引入以下符号

$$\boldsymbol{1}_N = [1,1,\cdots,1]^{\mathrm{T}}$$

$$\boldsymbol{x}(t) = [\boldsymbol{x}_1^{\mathrm{T}}(t),\boldsymbol{x}_2^{\mathrm{T}}(t),\cdots,\boldsymbol{x}_N^{\mathrm{T}}(t)]^{\mathrm{T}}$$

$$\boldsymbol{e}(t) = [\boldsymbol{e}_1^{\mathrm{T}}(t),\boldsymbol{e}_2^{\mathrm{T}}(t),\cdots,\boldsymbol{e}_N^{\mathrm{T}}(t)]^{\mathrm{T}}$$

$$\boldsymbol{q}(t) = [\boldsymbol{q}_1^{\mathrm{T}}(t),\boldsymbol{q}_2^{\mathrm{T}}(t),\cdots,\boldsymbol{q}_N^{\mathrm{T}}(t)]^{\mathrm{T}}$$

$$\boldsymbol{\delta}(t) = [\boldsymbol{\delta}_1^{\mathrm{T}}(t),\boldsymbol{\delta}_2^{\mathrm{T}}(t),\cdots,\boldsymbol{\delta}_N^{\mathrm{T}}(t)]^{\mathrm{T}}$$

$$f(t,\boldsymbol{x}(t)) = [\boldsymbol{f}^{\mathrm{T}}(t,\boldsymbol{x}_1(t)),\boldsymbol{f}^{\mathrm{T}}(t,\boldsymbol{x}_2(t)),\cdots,\boldsymbol{f}^{\mathrm{T}}(t,\boldsymbol{x}_N(t))]^{\mathrm{T}}$$

利用图 $\overline{G}$ 的定义,可得

$$\boldsymbol{e}(t) = \boldsymbol{x}(t) - \boldsymbol{1}_N \otimes \boldsymbol{x}_0(t)$$

$$\boldsymbol{q}(t) = ((L+B)\otimes I_n)(x(t) - \boldsymbol{1}_N \otimes x_0(t)) = (H\otimes I_n)e(t)$$

不失一般性,给出以下 3 个假设。

假设 7.1 存在一个非负常数矩阵 $\boldsymbol{F} \in \mathbb{R}^{n\times n}$,使得下面的不等式

$$(\boldsymbol{x}-\boldsymbol{y})^{\mathrm{T}}(\boldsymbol{f}(t,x) - f(t,\boldsymbol{y})) \leqslant (\boldsymbol{x}-\boldsymbol{y})^{\mathrm{T}}F(\boldsymbol{x}-\boldsymbol{y})$$

对任意 $\boldsymbol{x},\boldsymbol{y} \in \mathbb{R}^n$ 都成立。

假设 7.2 本章讨论的领导者 - 随从者型多智能体系统中,每个随从者都可以直接或者间接获得领导者的信息。对应图 $\overline{G}$,每个从节点 v_i(随从者)和头节点 v_0(领导者)之间至少存在一条路径。

7.3 一致性控制协议的设计

本节针对前面提到的多智能体系统设计两种一致性控制协议。前者是基于集中式(Centralized)事件触发机制的,后者是基于分布式(Distributed)事件触发机制的。

上述两种控制协议都可以分两步实现,首先,设计一种组合型事件触发机

制，以降低执行器的样本更新频率。然后，为每个随从者（从智能体）设计一个一致性控制协议，使得它们的状态能快速地与领导者趋于一致。

7.3.1 基于集中式组合型事件触发机制的一致性协议

为了节省有限的网络资源，设计一种基于集中式组合型事件触发机制的一致性控制协议，其框架如图 7.1 所示。

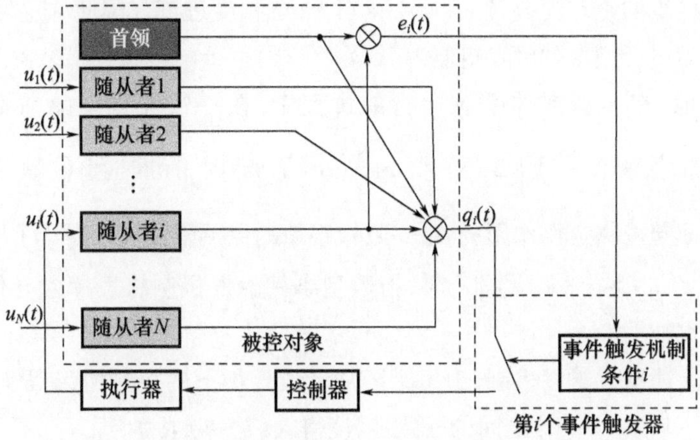

图 7.1 领导者－随从者型多智能体系统基于集中式组合型事件触发机制的一致性控制框架图

对第 i 个随从者（从智能体），设 $t_0^i=0$ 是它的第一个事件触发时刻，t_k^i 表示和当前时刻 t 最近的事件触发时刻，且 $t_k^i \leqslant t$，则下一个事件触发时刻 t_{k+1}^i 定义为

$$t_{k+1}^i = t_k^i + \min\{t \mid \|\boldsymbol{\delta}_i(t)\|^2 > \sigma \|\boldsymbol{e}_i(t)\|^2 + \frac{\beta}{N}\exp(-\gamma t)\} \tag{7-5}$$

$$i=1,2,\cdots,N,\ k=0,1,2,\cdots$$

其中，常数 $\beta \geqslant 0$，$\gamma \geqslant 0$ 和 $0 \leqslant \sigma \leqslant 1$ 是决定第 i 个随从者的控制器或执行器的样本更新频率的阈值参数。$\boldsymbol{\delta}_i(t)=\boldsymbol{e}_i(t_k^i)-\boldsymbol{e}_i(t)$，$t \in [t_k^i, t_{k+1}^i)$。显然，$\lim\limits_{k\to\infty} t_k = +\infty$。

注 7.2 事件触发时间序列的定义（7－7）表明，对于任何时刻 $t \geqslant 0$，都存在一个整数对 (i,k)，使对每个从智能体 v_i，都有 $t \in [t_k^i, t_{k+1}^i)$。

注 7.3 根据上述组合型事件触发机制的定义，一旦样本 $\boldsymbol{e}_i(t)$ 违反了下面的事件触发条件

$$\|\boldsymbol{\delta}_i(t)\|^2 \leqslant \sigma \|\boldsymbol{e}_i(t)\|^2 + \frac{\beta}{N}\exp(-\gamma t) \tag{7-6}$$

一个事件将被事件触发器触发，这意味着第 i 个随从者的控制输入需要更新。否则，系统的控制输入将通过零阶保持器保持，其保持时间为$[t_k^i, t_{k+1}^i)$。

注 7.4 通过式(7-6)可以看出，在本章设计的事件触发条件中，阈值函数可以看作是范数项 $\|\boldsymbol{e}_i(t)\|^2$ 和指数项 $\exp(-\gamma t)$ 的线性组合。前一项刻画了该触发机制对样本的相对误差$\dfrac{\|\boldsymbol{e}_i(t_k^i)-\boldsymbol{e}_i(t)\|}{\|\boldsymbol{e}_i(t)\|}$的容忍程度，后一项决定该触发机制对样本的绝对误差 $\|\boldsymbol{e}_i(t_k^i)-\boldsymbol{e}_i(t)\|$ 的接受程度。因此称这种新的事件驱动机制为组合型事件触发机制。

特别地，在多智能体系统运行的过程中，在一致性跟踪的前期阶段，当 $\|\boldsymbol{e}_i(t)\|$ 的值较大并且 $\|\boldsymbol{\delta}_i(t)\|^2>\dfrac{\beta}{N}\exp(-\gamma t)$时，标准型事件触发机制在筛选数据方面起着决定性作用；而在一致性跟踪的保持阶段，即 $\|\boldsymbol{e}_i(t)\|$ 非常小，并且 $\|\boldsymbol{\delta}_i(t)\|^2>\sigma\|\boldsymbol{e}_i(t)\|^2$ 时，指数型事件触发机制将发挥主导作用，进一步过滤样本数据。

基于上述事件触发机制，为每个随从者设计如下的控制协议以实现多智能体系统(7-1)和(7-2)之间的一致性，使得式(7-4)成立，即

$$\boldsymbol{u}_i(t)=-K_i\boldsymbol{q}_i(t_k^i),\ t\in[t_k^i,t_{k+1}^i) \tag{7-7}$$

定理 7.1 如果存在控制增益矩阵

$$K=\mathrm{diag}\{K_1\otimes I_n,K_2\otimes I_n,\cdots,K_N\otimes I_n\}$$

使得下面的不等式成立

$$\overline{\boldsymbol{\Omega}}=\boldsymbol{I}_N\otimes\boldsymbol{F}-\boldsymbol{H}\otimes\boldsymbol{K}+\frac{1}{2\varepsilon^2}(\boldsymbol{H}\otimes\boldsymbol{K})(\boldsymbol{H}\otimes\boldsymbol{K})^{\mathrm{T}}+\frac{\varepsilon^2\sigma}{2}\otimes\boldsymbol{I}_{n\cdot N}<\mathbf{0}$$

其中，$\otimes$是 Kronecker 积。

那么，在集中式事件触发机制(7-5)和控制协议(7-7)的作用下，领导者-随从者型多智能体系统(7-1)和(7-2)可以实现一致。

证明：取 Lyapunov 函数

$$V(t)=\frac{1}{2}\|\boldsymbol{e}(t)\|^2$$

即

$$V(t)=\frac{1}{2}\sum_{i=1}^{N}\|\boldsymbol{e}_i(t)\|^2$$

由 $\boldsymbol{q}_i(t)$ 的定义可知

$$\begin{aligned}\boldsymbol{q}_i(t_k^i) &= \sum_{j=1}^{N} a_{ij}(\boldsymbol{x}_i(t_k^i) - \boldsymbol{x}_j(t_k^i)) + b_i(\boldsymbol{x}_i(t_k^i) - \boldsymbol{x}_0(t_k^i)) \\ &= \sum_{j=1}^{N} l_{ij}\boldsymbol{e}_j(t_k^i) + b_i\boldsymbol{e}_i(t_k^i) \\ &= \sum_{j=1}^{N} l_{ij}\boldsymbol{\delta}_j(t) + \sum_{j=1}^{N} l_{ij}\boldsymbol{e}_j(t) + b_i\boldsymbol{\delta}_i(t_k^i) + b_i\boldsymbol{e}_i(t_k^i)\end{aligned}$$

根据第6章中的引理6.1可得

$$\begin{aligned}D^{\alpha}\boldsymbol{e}_i(t) &= \boldsymbol{f}(t,\boldsymbol{x}_i(t)) - \boldsymbol{f}(t,\boldsymbol{x}_0(t)) + \boldsymbol{w}_i(t) - \boldsymbol{w}_0(t) - \sum_{j=1}^{N} l_{ij}K\,\delta_j(t) \\ &\quad - \sum_{j=1}^{N} l_{ij}K\boldsymbol{e}_j(t) - b_iK\boldsymbol{\delta}_i(t_k^i) - b_iK\boldsymbol{e}_i(t_k^i)\end{aligned}$$

对函数 $V(t)$ 求导,并利用引理6.2、假设7.1可得

$$\begin{aligned}D^{\alpha}V(t) &\leqslant \boldsymbol{e}^{\mathrm{T}}(t)D^{\alpha}\boldsymbol{e}(t) \\ &= \boldsymbol{e}^{\mathrm{T}}(t)(\tilde{\boldsymbol{f}}(t,\boldsymbol{x}(t)) - \boldsymbol{I}_N\otimes\boldsymbol{f}(t,\boldsymbol{x}_0(t))) - \boldsymbol{e}^{\mathrm{T}}(t)(\boldsymbol{H}\otimes\boldsymbol{K})\boldsymbol{e}(t) \\ &\quad - \boldsymbol{e}^{\mathrm{T}}(t)(\boldsymbol{H}\otimes\boldsymbol{K})\delta(t) \\ &\leqslant \boldsymbol{e}^{\mathrm{T}}(t)(\boldsymbol{I}_N\otimes\boldsymbol{F})\boldsymbol{e}(t) - \boldsymbol{e}^{\mathrm{T}}(t)(\boldsymbol{H}\otimes\boldsymbol{K})\boldsymbol{e}(t) - \boldsymbol{e}^{\mathrm{T}}(t)(\boldsymbol{H}\otimes\boldsymbol{K})\boldsymbol{\delta}(t)\end{aligned} \tag{7-8}$$

在式(7-8)的基础上,结合

$$\begin{aligned}\boldsymbol{e}^{\mathrm{T}}(t)(\boldsymbol{H}\otimes\boldsymbol{K})\boldsymbol{\delta}(t) &= \frac{1}{2\varepsilon^2}\|(\boldsymbol{H}\otimes\boldsymbol{K})^{\mathrm{T}}\boldsymbol{e}(t) - \varepsilon^2\boldsymbol{\delta}(t)\|^2 + \frac{1}{2\varepsilon^2}\|(\boldsymbol{H}\otimes\boldsymbol{K})^{\mathrm{T}}\boldsymbol{e}(t)\|^2 \\ &\quad - \frac{\varepsilon^2}{2}\|\boldsymbol{\delta}(t)\|^2\end{aligned}$$

可得

$$\begin{aligned}D^{\alpha}V(t) &\leqslant \boldsymbol{e}^{\mathrm{T}}(t)\boldsymbol{\Omega}\boldsymbol{e}(t) - \frac{1}{2\varepsilon^2}\|(\boldsymbol{H}\otimes\boldsymbol{K})^{\mathrm{T}}\boldsymbol{e}(t) + \varepsilon^2\boldsymbol{\delta}(t)\|^2 + \frac{\varepsilon^2}{2}\|\boldsymbol{\delta}(t)\|^2 \\ &\leqslant \boldsymbol{e}^{\mathrm{T}}(t)\boldsymbol{\Omega}\boldsymbol{e}(t) + \frac{\varepsilon^2}{2}\|\boldsymbol{\delta}(t)\|^2\end{aligned}$$

其中

$$\boldsymbol{\Omega} = \boldsymbol{I}_N\otimes\boldsymbol{F} - \boldsymbol{H}\otimes\boldsymbol{K} + \frac{1}{2\varepsilon^2}(\boldsymbol{H}\otimes\boldsymbol{K})(\boldsymbol{H}\otimes\boldsymbol{K})^{\mathrm{T}}$$

根据事件触发条件

$$\|\boldsymbol{\delta}_i(t)\|^2 \leqslant \sigma\|\boldsymbol{e}_i(t)\|^2 + \frac{\beta}{N}\exp(-\gamma t),\ t\in[t_k^i,t_{k+1}^i)$$

可知,对任意 $t\in[t_k^i,t_{k+1}^i)$ 有

$$
\begin{aligned}
\|\boldsymbol{\delta}(t)\|^2 &= \sum_{i=1}^{N} \|\boldsymbol{\delta}_i(t)\|^2 \\
&\leqslant \sum_{i=1}^{N} \left(\sigma \|\boldsymbol{e}_i(t)\|^2 + \frac{\beta}{N}\exp(-\gamma t)\right) \\
&= \sigma \|\boldsymbol{e}(t)\|^2 + \beta\exp(-\gamma t)
\end{aligned}
$$

这意味着

$$
D^{\alpha}V(t) \leqslant \boldsymbol{e}^{\mathrm{T}}(t)\overline{\boldsymbol{\Omega}}\boldsymbol{e}(t) + \frac{\varepsilon^2\beta}{2}\exp(-\gamma t)
$$

其中

$$
\overline{\boldsymbol{\Omega}} = \Omega + \frac{\varepsilon^2\sigma}{2} \otimes \boldsymbol{I}_{n \cdot N}
$$

令

$$
p = 2\lambda \min(-\overline{\boldsymbol{\Omega}})
$$

$$
q = \frac{\varepsilon^2\beta}{2}\exp(-\gamma t)
$$

则

$$
\begin{aligned}
D^{\alpha}V(t) &\leqslant -\lambda \min(-\overline{\boldsymbol{\Omega}}) \|e(t)\|^2 + \frac{\varepsilon^2\beta}{2}\exp(-\gamma t) \\
&= -pV(t) + q
\end{aligned}
$$

通过引理 6.3 可得

$$
V(t) \leqslant V(0)E_{\alpha}(-pt^{\alpha}) + qt^{\alpha}E_{\alpha,\alpha+1}(-pt^{\alpha}),\ t \geqslant 0 \tag{7-9}
$$

下面证明 $\lim\limits_{t\to+\infty} V(t) = 0$。

因为

$$
\arg(-pt^{\alpha}) = -\pi,\ |-pt^{\alpha}| \geqslant 0,\ \forall t \geqslant 0,\ \forall \alpha \in (0,1)
$$

根据引理 6.4 可知，存在常数 $C > 0$，使得

$$
|E_{\alpha}(-pt^{\alpha})| \leqslant \frac{C}{1+pt^{\alpha}} \to 0\ (t \to +\infty)
$$

从而有

$$
\lim_{t\to+\infty} V(0)E_{\alpha}(-pt^{\alpha}) = 0 \tag{7-10}
$$

进一步，根据引理 6.5 得

$$
\|t^{\alpha}E_{\alpha,\alpha+1}(-pt^{\alpha})\| \leqslant \eta_2 \|t^{\alpha}\exp(-pt)\| = \eta_2 t^{\alpha}\exp(-pt) \to 0\ (t \to +\infty)
$$

所以，当 $t \to +\infty$ 时，有

$$
\lim_{t\to+\infty} t^{\alpha}E_{\alpha,\alpha+1}(-pt^{\alpha}) = 0 \tag{7-11}
$$

综合式(7-9)~式(7-11)的结果,可得

$$\lim_{t\to+\infty} V(t) \leqslant \lim_{t\to+\infty} V(0)E_\alpha(-pt^\alpha) + q\lim_{t\to+\infty} t^\alpha E_{\alpha,\alpha+1}(-pt^\alpha) = 0$$

因此,

$$\lim_{t\to+\infty} \| e(t) \| \leqslant \lim_{t\to+\infty} \sqrt{2V(t)} = 0$$

即

$$\lim_{t\to+\infty} \| e(t) \| = 0$$

从而,领导者-随从者型多智能体系统(7-1)-(7-2)实现了一致。

证毕。

接下来,证明本章设计的基于组合型事件触发机制的一致性控制协议可以有效避免 Zeno 行为的发生。

定理 7.2 考虑分数阶混沌多智能体系统(7-1)和(7-2),如果采用集中式-组合型事件触发机制(7-5)和控制协议(7-7),那么,在多智能体系统的一致性过程中,可以避免 Zeno 行为的发生,也就是说,每个随从者 i 的事件触发间隔都有一个正的下界,即

$$\min\{t_{k+1}^i - t_k^i\} > 0$$

证明:由定理 7.1 的证明过程可知,$D^\alpha e_i(t)$ 是有界的。即,对任意的 $t\in[t_k^i, t_{k+1}^i)$,都存在一个正常数 M,使得

$$\| D^\alpha \boldsymbol{e}_i(t) \| \leqslant M$$

所以

$$\begin{aligned}
\| \delta_i(t) \| &= \| e_i(t_k^i) - e_i(t) \| \\
&= \| D_{t_k^i}^{-\alpha} D_t^\alpha e_i(t) \| \\
&= \left\| \frac{1}{\Gamma(\alpha)} \int_{t_k^i}^t (t-\tau)^{\alpha-1} D^\alpha e_i(\tau)\mathrm{d}\tau \right\| \\
&= \frac{1}{\Gamma(\alpha)} \int_{t_k^i}^t (t-\tau)^{\alpha-1} \| D^\alpha e_i(\tau) \| \mathrm{d}\tau \\
&\leqslant \frac{M}{\Gamma(\alpha)} \int_{t_k^i}^t (t-\tau)^{\alpha-1} \mathrm{d}\tau \\
&= \frac{M(t-t_k^i)^\alpha}{\alpha\Gamma(\alpha)} \\
&= \frac{M(t-t_k^i)^\alpha}{\Gamma(\alpha+1)}
\end{aligned}$$

对第 i 个随从者,设 t_k^i 是距当前时刻 t 最近的一个事件触发时刻,且 $t_k^i \leqslant t$。

那么,由组合型事件触发机制的定义可知,下一个事件不会在满足以下条件的时刻 t^* 之前触发

$$\|\boldsymbol{\delta}_i(t^*)\| = \left[\sigma \|\boldsymbol{e}_i(t^*)\|^2 + \frac{\beta}{N}\exp(-\gamma t^*)\right]^{\frac{1}{2}}$$

令 $\Delta t^i = t^* - t_k^i$, 则上式右侧可以表示为

$$\left[\sigma \|\boldsymbol{e}_i(t_k^i + \Delta t^i)\|^2 + \frac{\beta}{N}\exp(-\gamma(t_k^i + \Delta t^i))\right]^{\frac{1}{2}}$$

结合式(7-8)可得

$$\left[\sigma \|\boldsymbol{e}_i(t_k^i + \Delta t^i)\|^2 + \frac{\beta}{N}\exp(-\gamma(t_k^i + \Delta t^i))\right]^{\frac{1}{2}} \leqslant \frac{M\,(\Delta t^i)^\alpha}{\Gamma(\alpha+1)}$$

因为式(7-19)的左侧包含一个指数项$\frac{\beta}{N}\exp(-\gamma(t_k^i + \Delta t^i))$,所以,对于任意的 $t_k^i \geqslant 0$,都有

$$\frac{\beta}{N}\exp(-\gamma(t_k^i + \Delta t^i)) > 0$$

又因为另一项 $\sigma \|e_i(t_k^i + \Delta t^i)\|^2$ 也是非负的,所以

$$\frac{M\,(\Delta t^i)^\alpha}{\Gamma(\alpha+1)} > 0$$

因此

$$\Delta t^i > 0$$

由事件触发条件的定义知,$t_k^* \in (t_k^i, t_{k+1}^i)$,可见,$\Delta t^i < t_{k+1}^i - t_k^i$。结合式(7-20)可得

$$t_{k+1}^i - t_k^i > 0$$

这意味着每个随从者的事件触发间隔都是大于 0 的,因此不会出现 Zeno 行为。

证毕。

7.3.2 基于分布式组合型事件触发机制的一致性协议

采用集中式事件触发机制时,需要所有的随从者都要获取整个多智能体系统的全局信息 $e_i(t) = x_i(t) - x_0(t)$,通常要求每个连接权系数 $b_i > 0$,因此该方法有一定的局限性。

本节对上述集中式时间触发机制进行改进,设计出一种分布式事件触发机制,该触发机制只需要利用各随从者自身及其邻居的信息,而无需使用整个系统

的全局信息。基于该事件触发机制的一致性控制协议的框架如图 7.2 所示。该事件触发机制中，第 i 个随从者的事件触发时间序列 $\{t_{k+1}^i\}$ 定义为

$$t_{k+1}^i = t_k^i + \min\{t \mid \|\bar{\delta}_i(t)\|^2 > \sigma \|q_i(t)\|^2 + \frac{\beta}{N}\exp(-\gamma t)\}$$

其中，$t_0^i = 0, \bar{\delta}_i(t) = q_i(t_k^i) - q_i(t),\ t \in [t_k^i, t_{k+1}^i), i = 1,2,\cdots,N, k = 0,1,2,\cdots$。显然，$\lim_{k\to\infty} t_k^i = +\infty$。

相应地，第 i 个随从者的事件触发条件可以表示为

$$\|\bar{\delta}_i(t)\|^2 \leqslant \sigma \|q_i(t)\|^2 + \frac{\beta}{N}\exp(-\gamma t)$$

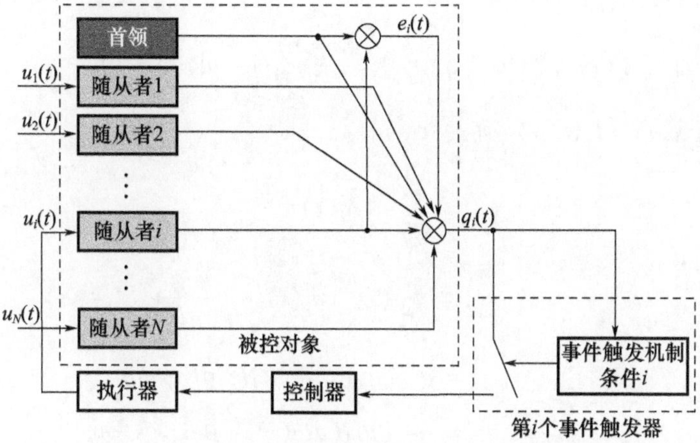

图 7.2 领导者 - 随从者型多智能体系统基于分布式组合型事件触发机制的一致性控制框架图

定理 7.3 如果矩阵 $H = L + B$ 可逆，且存在控制增益矩阵 $K = \text{diag}\{K_1 \otimes I_n, K_2 \otimes I_n, \cdots, K_N \otimes I_n,\}$，使得下面的不等式成立

$$\boldsymbol{\Xi} = I_N \otimes F - H \otimes K + \frac{1}{2\varepsilon^2}(H \otimes K)(H \otimes K)^{\mathrm{T}} + \frac{\sigma\mu\varepsilon^2}{2}\bar{H}^{\mathrm{T}}\bar{H} < 0$$

其中，$\bar{H} = H \otimes I_n, \mu = \|\bar{H}^{-1}\|^2$，$\otimes$ 表示 Kronecker 积。那么，在分布式事件触发机制 (7-21) 和控制协议 (7-9) 的作用下，领导者 - 随从者型多智能体系统 (MAS) (7-1) 和 (7-2) 可以实现一致。

证明：取 Lyapunov 函数

$$V(t) = \frac{1}{2}\|e(t)\|^2 = \frac{1}{2}\sum_{i=1}^{N}\|e_i(t)\|^2$$

根据定理 7.1 的证明过程可知

$$D^{\alpha}V(t)\leqslant e^{\mathrm{T}}(t)\Omega e(t)+\frac{\varepsilon^{2}}{2}\|\delta(t)\|^{2}$$

其中

$$\Omega=I_{N}\otimes F-H\otimes K+\frac{1}{2\varepsilon^{2}}(H\otimes K)(H\otimes K)^{\mathrm{T}}$$

令 $\overline{H}=H\otimes I_{n}$，$\bar{\delta}(t)=[\bar{\delta}_{1}^{\mathrm{T}}(t),\bar{\delta}_{2}^{\mathrm{T}}(t),\cdots,\bar{\delta}_{N}^{\mathrm{T}}(t)]^{\mathrm{T}}$，则

$$q(t)=\overline{H}e(t),\bar{\delta}(t)=\overline{H}\delta(t)$$

因为矩阵 $H=L+B$ 可逆，所以

$$e(t)=\overline{H}^{-1}q(t),\delta(t)=\overline{H}^{-1}\bar{\delta}(t)$$

根据事件触发条件

$$\|\bar{\delta}_{i}(t)\|^{2}\leqslant\sigma\|q_{i}(t)\|^{2}+\frac{\beta}{N}\exp(-\gamma t),t\in[t_{k}^{i},t_{k+1}^{i})$$

可知，对任意 $t\in[t_{k}^{i},t_{k+1}^{i})$，有

$$\begin{aligned}\|\bar{\delta}(t)\|^{2}&=\sum_{i=1}^{N}\|\bar{\delta}_{i}(t)\|^{2}\\&\leqslant\sum_{i=1}^{N}\left(\sigma\|q_{i}(t)\|^{2}+\frac{\beta}{N}\exp(-\gamma t)\right)\\&=\sigma\|q(t)\|^{2}+\beta\exp(-\gamma t)\\&=\sigma e^{\mathrm{T}}(t)\overline{H}^{\mathrm{T}}\overline{H}e(t)+\beta\exp(-\gamma t)\end{aligned}$$

进而有

$$\begin{aligned}\|\delta(t)\|^{2}&=\|\overline{H}^{-1}\bar{\delta}(t)\|^{2}\leqslant\|\overline{H}^{-1}\|^{2}\|\bar{\delta}(t)\|^{2}\\&\leqslant\sigma\|\overline{H}^{-1}\|^{2}e^{\mathrm{T}}(t)\overline{H}^{\mathrm{T}}\overline{H}e(t)+\beta\exp(-\gamma t)\|\overline{H}^{-1}\|^{2}\end{aligned}$$

综合上述分析可得

$$D^{\alpha}V(t)\leqslant e^{\mathrm{T}}(t)\Xi e(t)+\frac{\beta\mu\varepsilon^{2}}{2}\exp(-\gamma t)$$

其中

$$\Xi=\Omega+\frac{\sigma\mu\varepsilon^{2}}{2}\overline{H}^{\mathrm{T}}\overline{H},\mu=\|\overline{H}^{-1}\|^{2}$$

令

$$\bar{p}=2\lambda_{\min}(-\Xi),\ \bar{q}=\frac{\beta\mu\varepsilon^{2}}{2}\exp(-\gamma t)$$

则

$$D^{\alpha}V(t) \leqslant -\overline{p}V(t) + \overline{q}$$

仿照定理 7.1 的证明过程,可以推出

$$\lim_{t \to +\infty} V(t) = 0$$

从而有

$$\lim_{t \to +\infty} \| e(t) \| \leqslant \lim_{t \to +\infty} \sqrt{2V(t)} = 0$$

即

$$\lim_{t \to +\infty} \| e(t) \| = 0$$

所以,领导者 - 随从者型多智能体系统(7 - 1) ~ (7 - 2)实现了一致。

证毕。

定理 7.4 考虑分数阶混沌多智能体系统(7 - 1) ~ (7 - 2), 如果采用分布式组合型事件触发机制(7 - 21)和控制协议(7 - 9),那么,在多智能体系统的一致性过程中,可以避免 Zeno 行为的发生,也就是说,每个随从者 i 的事件触发间隔都有一个正的下界,即

$$\min\{t_{k+1}^{i} - t_{k}^{i}\} > 0$$

证明过程与定理 7.2 类似,此处省略。

7.4 仿真实验

本节通过两个仿真实验来验证文中所设计的基于组合型触发机制的多智能体一致性控制协议的可行性和优越性。

仿真算例 1

考虑由以下六个分数阶混沌 Chen 系统组成的主从式多智能体系统,其中, $\alpha = 0.9$,且

$$\boldsymbol{f}(t, \boldsymbol{x}_i(t)) = \begin{pmatrix} 35(x_{i2} - x_{i1}) \\ -7x_{i1} - x_{i1}x_{i3} + 28x_{i2} \\ x_{i1}x_{i2} - 3x_{i3} \end{pmatrix}$$

领导者对应系统的初始状态为 $\boldsymbol{x}_0(0) = [10, 3, 12]^{\mathrm{T}}$,对应系统的混沌吸引子如图 7.3 所示。

设该多智能体系统中的 Laplacian 矩阵和连接权矩阵分别为

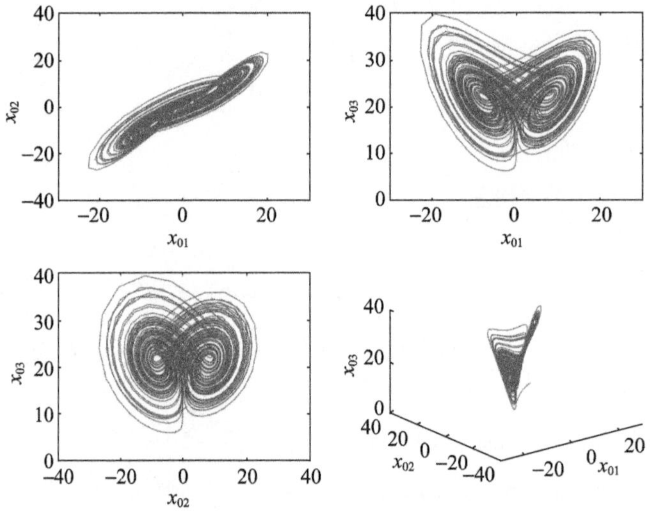

图 7.3　领导者的混沌相位图

$$
\boldsymbol{L}=\begin{pmatrix} 2 & 0 & -1 & -1 & 0 \\ 0 & 1 & 0 & 0 & -1 \\ -1 & 0 & 0 & 0 & 0 \\ -1 & 0 & 0 & 1 & 0 \\ 0 & -1 & 0 & 0 & 1 \end{pmatrix}
$$

和

$$
\boldsymbol{B}=\begin{pmatrix} 15 & 0 & 0 & 0 & 0 \\ 0 & 15 & 0 & 0 & 0 \\ 0 & 0 & 15 & 0 & 0 \\ 0 & 0 & 0 & 15 & 0 \\ 0 & 0 & 0 & 0 & 15 \end{pmatrix}
$$

仿真时间取 3s,易知,$|x_1|\leqslant 17$,$|x_2|\leqslant 19$,$|x_3|\leqslant 37$,进而有

$$
\begin{aligned}
&(\boldsymbol{x}_i(t)-\boldsymbol{x}_0(t))^{\mathrm{T}}(\boldsymbol{f}(t,\boldsymbol{x}_i(t))-\boldsymbol{f}(t,\boldsymbol{x}_0(t)))\\
&\leqslant(\boldsymbol{x}_i(t)-\boldsymbol{x}_0(t))^{\mathrm{T}}\begin{pmatrix} 39.5 & 0 & 0 \\ 0 & 44.25 & 0 \\ 0 & 0 & 6.5 \end{pmatrix}(\boldsymbol{x}_i(t)-\boldsymbol{x}_0(t))
\end{aligned}
$$

在该模拟实验中,五个跟随者对应系统的初始状态分别为

$$
\boldsymbol{x}_1(0)=[5,5,6]^{\mathrm{T}}
$$

$$x_2(0)=[3,6,8]^{\mathrm{T}}$$
$$x_3(0)=[6,-2,6]^{\mathrm{T}}$$
$$x_4(0)=[7,-5,7]^{\mathrm{T}}$$
$$x_5(0)=[11,1,15]^{\mathrm{T}}$$

由于该多智能体系统中所有随从者都可以与领导者直接进行信息交互，所以采用集中式事件触发机制。

根据定理7.1，参数设计为 $\sigma=0.5$，$\beta=0.1$，$\gamma=0.01$，$\varepsilon=100$，控制增益设计为 $K_i=3, i=1,2,\cdots,5$。在集中式组合型事件触发机制(7-8)的基础上，利用控制律(7-9)进行仿真，仿真结果如图7.4-7.5所示。

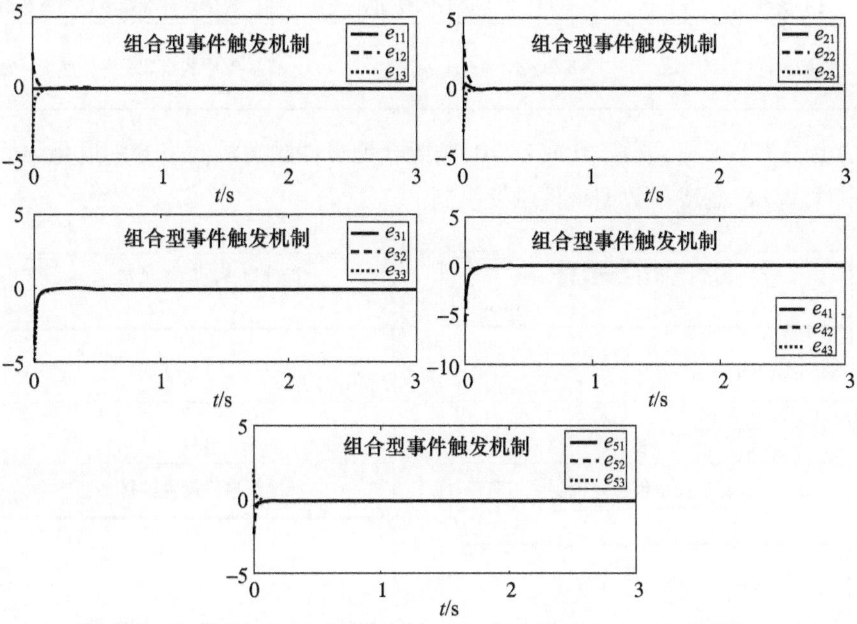

图7.4 五个随从者基于集中式组合型事件触发机制的一致性误差图

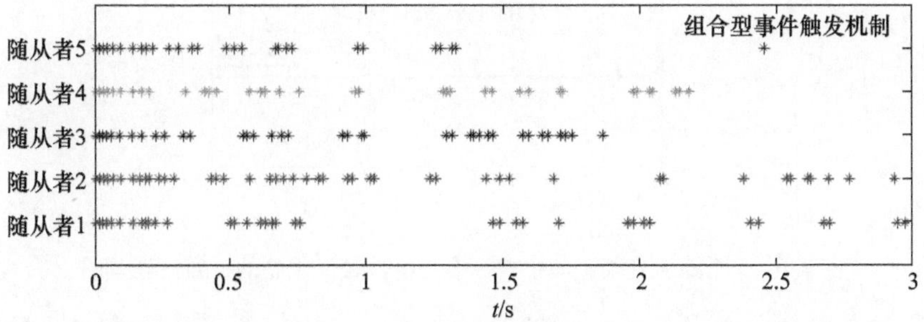

图7.5 五个随从者基于集中式组合型事件触发机制的事件触发时刻序列图

对比 1：集中式组合型事件触发机制与两种传统的集中式事件触发机制的比较

将本章中的方法与两种传统的事件触发机制进行比较，这 3 种触发机制的数学模型由表 7.1 给出，后两种方法对应的仿真结果分别如图 7.6 ~ 图 7.8 所示。

表 7.1　集中式事件触发机制比较

参数取值	数学模型	名称
	$\lVert \delta_i(t_k^i) \rVert^2 \leqslant \sigma \lVert e_i(t) \rVert^2 + \frac{\beta}{N}\exp(-\gamma t)$	集中式组合型事件触发机制
(a)$\beta=0$	$\lVert \delta_i(t) \rVert^2 \leqslant \sigma \lVert e_i(t) \rVert^2$	集中式标准型事件触发机制
(b)$\sigma=0$	$\lVert \delta_i(t) \rVert^2 \leqslant \frac{\beta}{N}\exp(-\gamma t)$	集中式指数型事件触发机制

由表 7.1 可知，取 $\beta=0$ 或 $\sigma=0$，则组合型事件触发机制将分别退化为标准型事件触发机制或指数型事件触发机制。

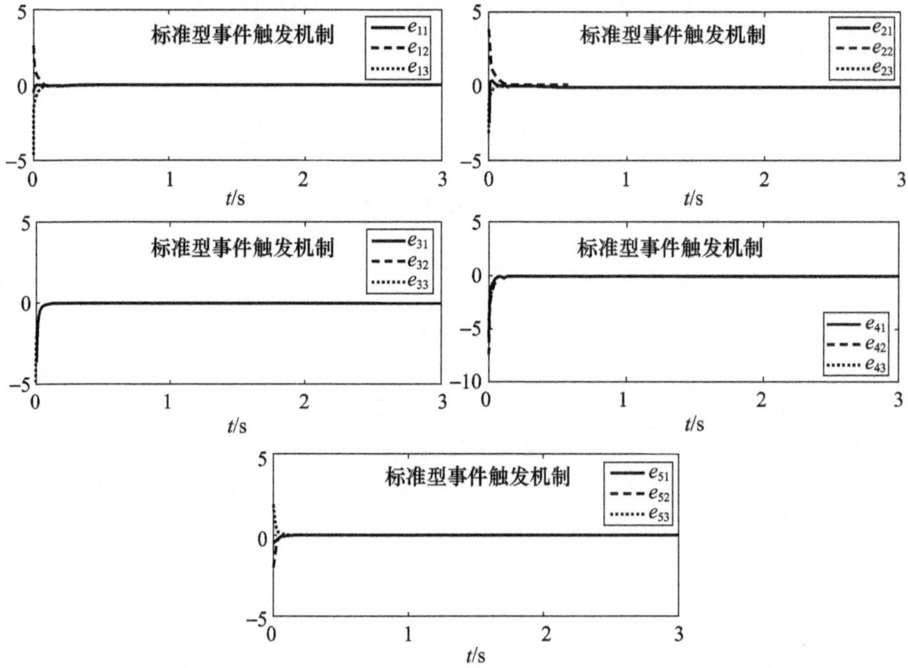

图 7.6　5 个随从者基于集中式标准型事件触发机制的一致性误差图

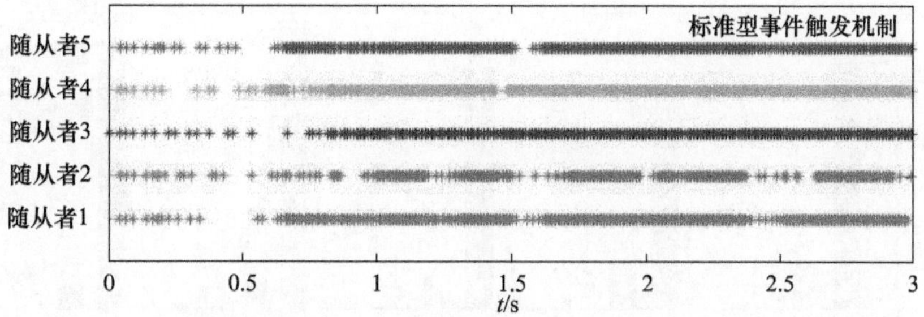

图 7.7　5 个随从者基于集中式标准型事件触发机制的事件触发时刻序列图

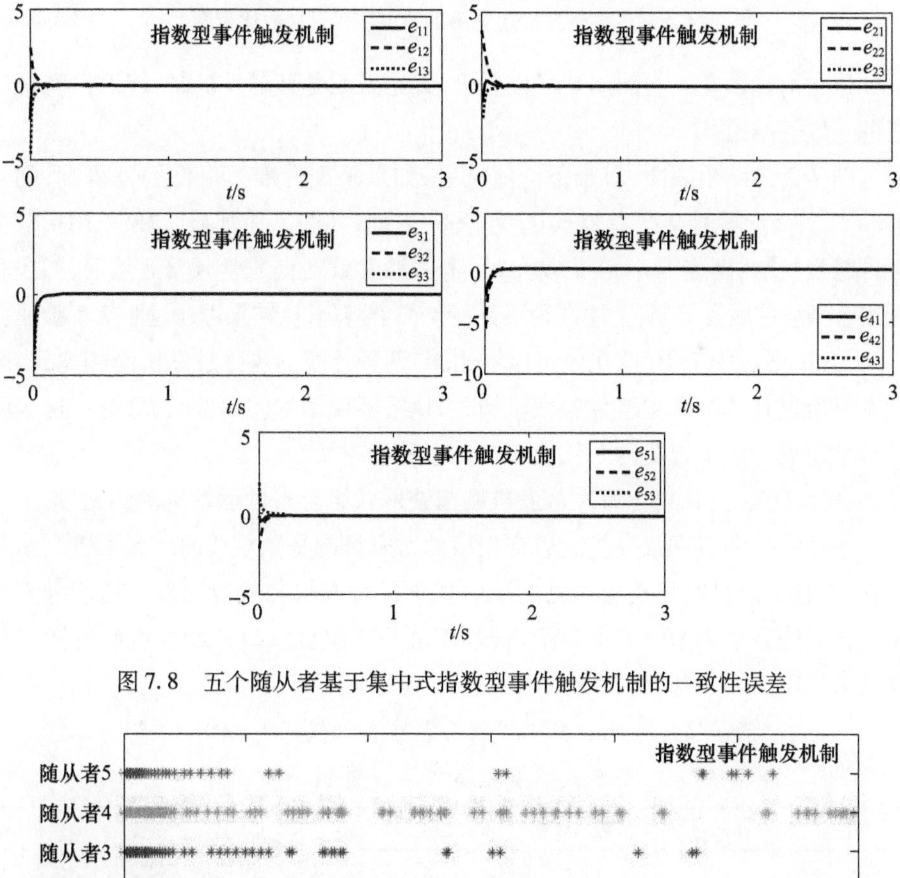

图 7.8　五个随从者基于集中式指数型事件触发机制的一致性误差

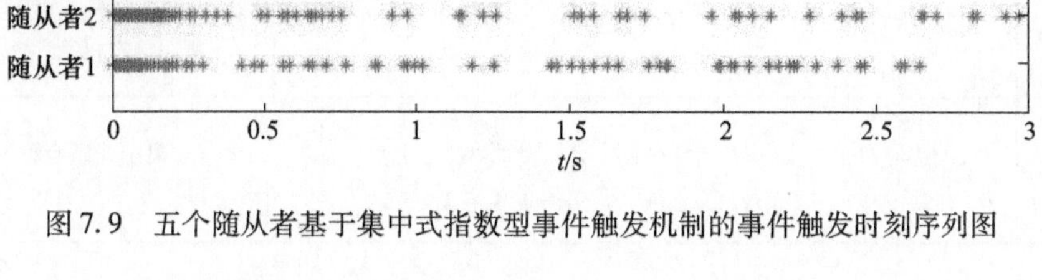

图 7.9　五个随从者基于集中式指数型事件触发机制的事件触发时刻序列图

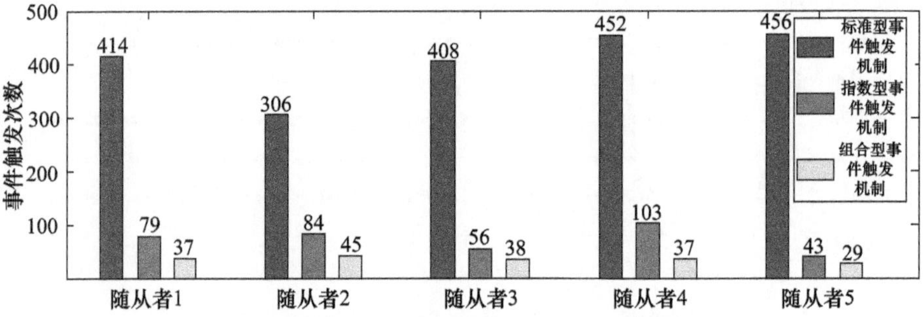

图 7.10　集中式标准型事件触发机制、指数型事件触发机制和
组合型事件触发机制作用下的事件触发次数比较图

通过对比图 7.4 与图 7.8 可以看出,无论采用哪种触发机制,都可以获得满意的一致性结果。

图 7.7 的结果表明,对于每个随从者,如果采用标准型事件触发机制,则当 $\|\boldsymbol{e}_i(t)\|$ 接近零时会产生 Zeno 行为,另一方面,如图 7.9 所示,如果采用指数型事件触发机制,则当 $\|\boldsymbol{e}_i(t)\|$ 较大时,事件触发就变得非常频繁。然而,如果采用组合型事件触发机制,上述两种不良现象都会避免,该结果可通过图 7.5 验证。

另外,通过图 7.10 的比较可以看出,与两种传统的事件触发机制相比,当采用本章所设计的组合型事件触发机制时,执行器使用的样本数明显减少,这表明了本章所设计的多智能体一致性控制方案的优越性。

对比 2:独立式组合事件触发机制与统一式组合事件触发机制的比较

本章设计的事件触发机制组合型事件触发机制是独立式的。为了进一步验证该方法的优越性,将其与常见的统一式事件触发机制进行比较。这两种事件触发机制的数学模型由表 7.2 给出,基于统一式组合型事件触发机制的同步仿真结果如图 7.11 和图 7.12 所示。

表 7.2　独立－集中式组合型事件触发机制与统一－集中式组合型事件触发机制比较

	数学模型	名称
(a)	$t_{k+1}^i = t_k^1 + \min\{t \mid \|\delta_i(t)\|^2 > \sigma\|e_i(t)\|^2 + \frac{\beta}{N}\exp(-\gamma t)\}$, $u_i(t) = -K_i q_i(t_k^i), t\in[t_k^i, t_{k+1}^i), i=1,2,\cdots,N.$	独立－集中式组合型事件触发机制
(b)	$t_{k+1} = t_k + \min\{t \mid \|\delta(t)\|^2 > \sigma\|e(t)\|^2 + \frac{\beta}{N}\exp(-\gamma t)$, $u_i(t_k) = -K_i q_i(t_k), t\in[t_k, t_{k+1}, i=1,2,\cdots,N.$	统一－集中式组合型事件触发机制

由表 7.2 可知,对于统一式组合型事件触发机制,所有随从者的控制器都按照同一个触发条件进行同步更新,然而,对于独立式组合型事件触发机制,每个随从者的控制输入则是分别根据其自身的触发条件独立地进行更新,因此该方法更加灵活。

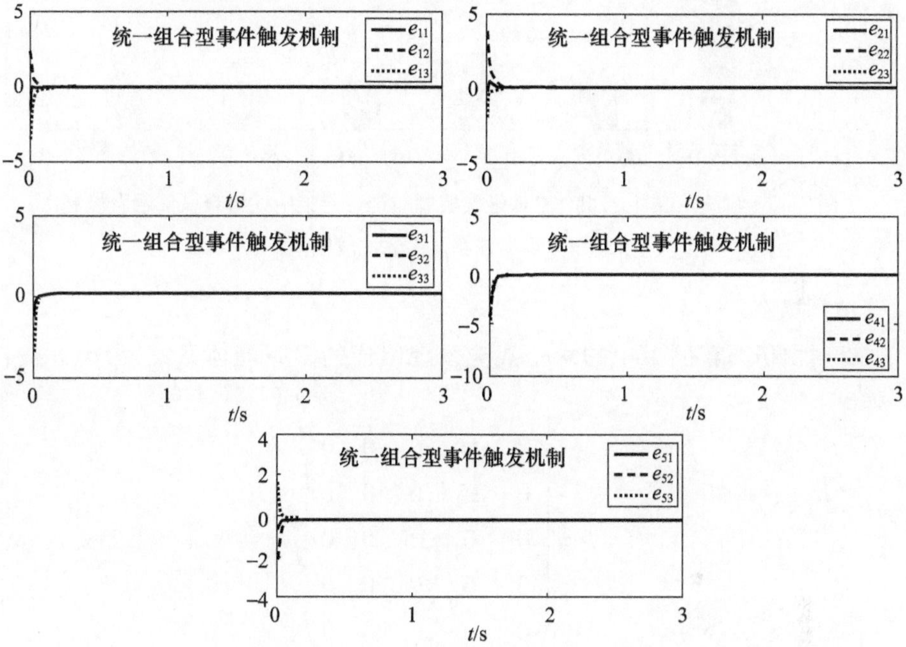

图 7.11　5 个随从者基于统一 – 集中式组合型事件触发机制的一致性误差图

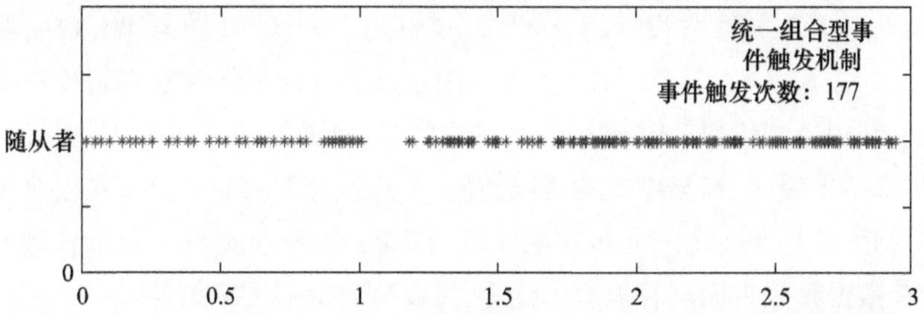

图 7.12　5 个随从者基于统一 – 集中式组合型事件触发机制的事件触发时刻序列图

通过对比图 7.4、图 7.5 与图 7.11、图 7.12 的比较,可以看出采用这两种触发机制都能达到良好的一致性能,但是,使用独立式组合型事件触发机制时,任何一个随从者的样本更新次数都明显小于使用统一式组合型事件触发机制时的情况。这个结论可以由图 7.13 进一步证明。

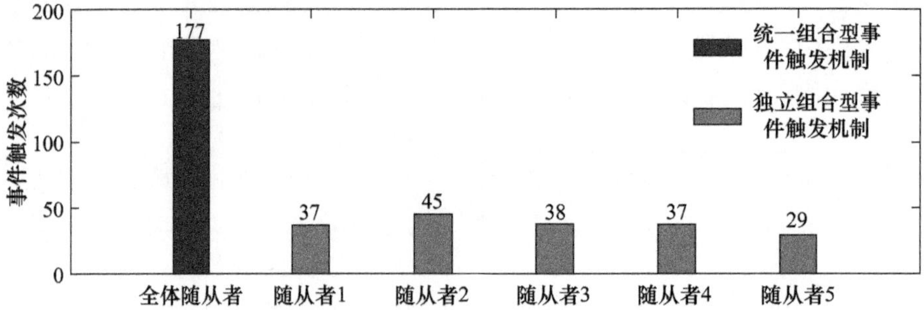

图 7.13　独立－集中式组合事件触发机制与统一－集中式组合事件触发机制作用下事件触发次数比较图

仿真算例 2

针对由仿真算例 1 中的六个混沌系统组成的多智能体系统，考虑连接权矩阵

$$B=\begin{pmatrix}15&0&0&0&0\\0&15&0&0&0\\0&0&15&0&0\\0&0&0&0&0\\0&0&0&0&0\end{pmatrix}$$

的情形，由于部分随从者不能直接获取领导者的信息，所以采用分布式组合型事件触发机制来处理。

根据定理 7.3，参数设计为 $\sigma=0.5$，$\beta=0.1$，$\gamma=0.01$，$\varepsilon=100$，控制增益设计为 $K_1=K_2=K_3=3.5$，$K_4=K_5=5.5$。在分布式组合事件触发机制（7－22）的基础上，利用控制律（7－9）进行仿真，仿真结果如图 7.14～图 7.23 所示。

仿真结果表明，和集中式的情况类似，本章设计的独立－分布式组合型事件触发机制无论是和传统的分布式触发机制相比，还是和统一－分布式触发机制相比，在数据筛选方面都有显著的优势，可以有效降低网络负荷。

表 7.3　分布式事件触发机制比较

	参数取值	数学模型	名称
		$\Vert\bar{\delta}_i(t_k^i)\Vert^2\leqslant\sigma\Vert q_i(t)\Vert^2+\frac{\beta}{N}\exp(-\gamma t)$	分布式组合型事件触发机制
(a)	$\beta=0$	$\Vert\bar{\delta}_i(t)\Vert^2\leqslant\sigma\Vert q_i(t)\Vert^2$	分布式标准型事件触发机制
(b)	$\sigma=0$	$\Vert\bar{\delta}_i(t)\Vert^2\leqslant\frac{\beta}{N}\exp(-\gamma t)$	分布式指数型事件触发机制

表 7.4 独立 - 分布式组合型事件触发机制与统一 - - 分布式组合事件触发机制比较

	数学模型	名称
(a)	$t_{k+1}^i = t_k^1 + \min\{t \mid \lVert \bar{\delta}_i(t) \rVert^2 > \sigma \lVert q_i(t) \rVert^2 + \frac{\beta}{N}\exp(-\gamma t)\}$, $u_i(t) = -K_i q_i(t_k^i), t \in [t_k^i, t_{k+1}^i), i = 1, 2, \cdots, N.$	独立 - 分布式组合型事件触发机制
(b)	$t_{k+1} = t_k + \min\{t \mid \lVert \bar{\delta}(t) \rVert^2 > \sigma \lVert q(t) \rVert^2 + \frac{\beta}{N}\exp(-\gamma t)$, $u_i(t_k) = -K_i q_i(t_k), t \in [t_k, t_{k+1}), i = 1, 2, \cdots, N.$	统一 - - 分布式组合型事件触发机制

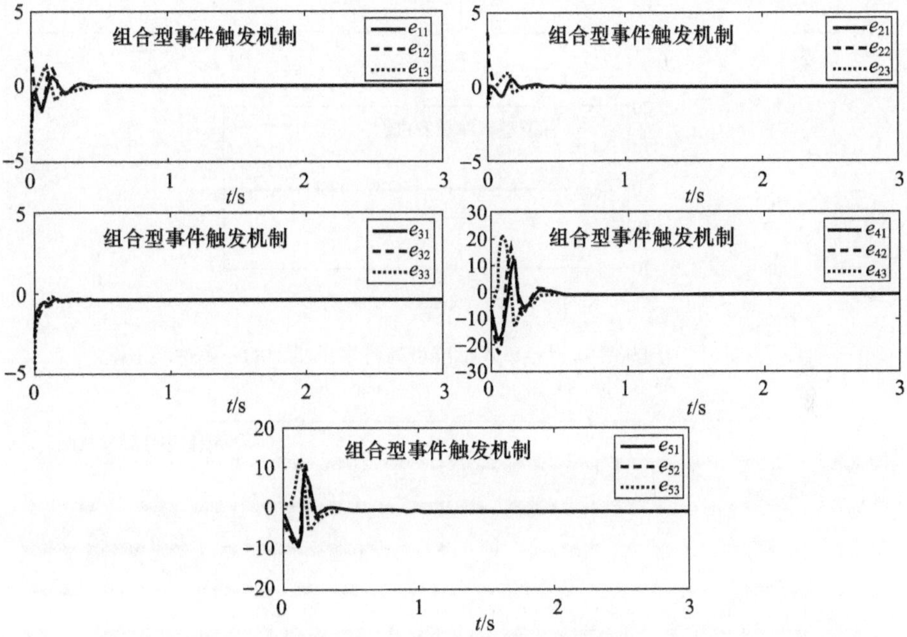

图 7.14 5 个随从者基于分布式组合型事件触发机制的一致性误差图

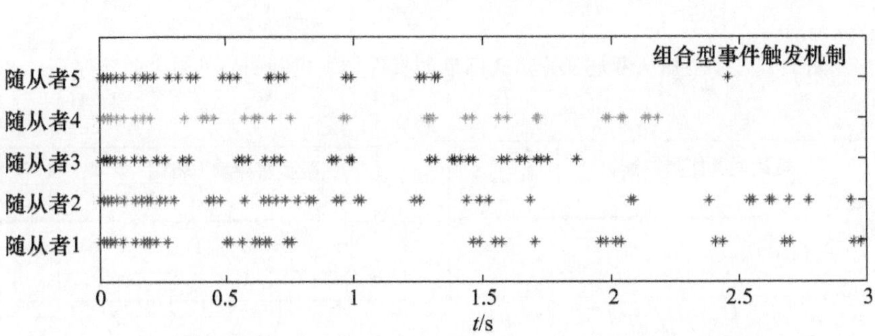

图 7.15 5 个随从者基于分布式组合型事件触发机制的事件触发时刻序列

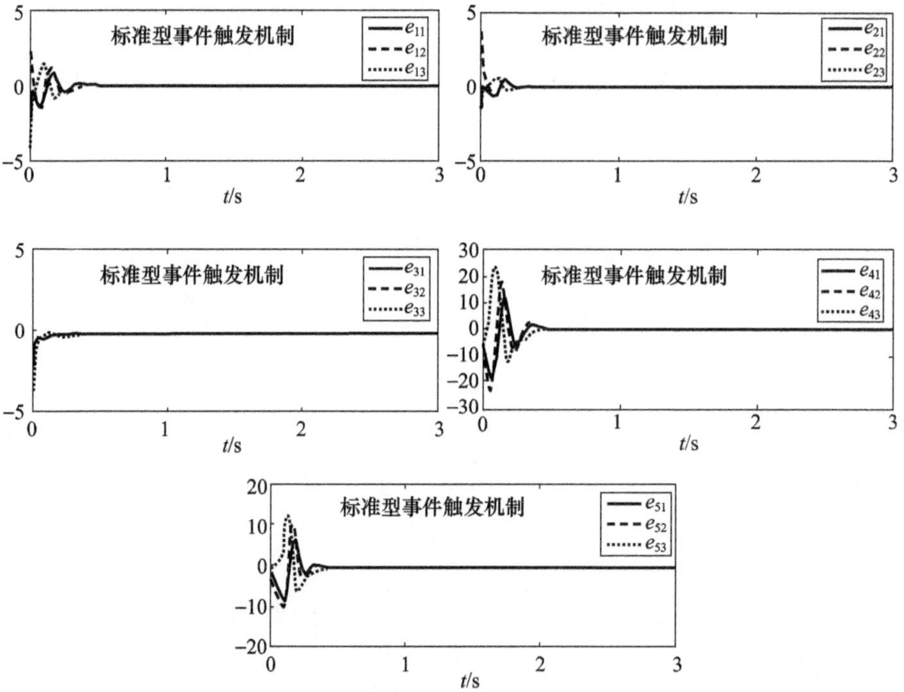

图 7.16　5 个随从者基于分布式标准型事件触发机制的一致性误差图

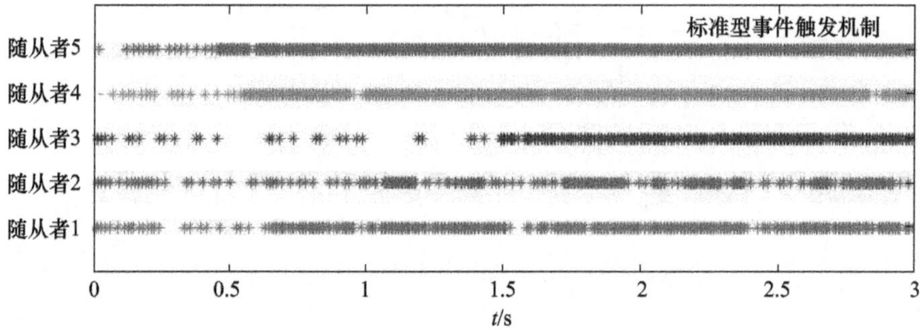

图 7.17　5 个随从者基于分布式标准型事件触发机制的事件触发时刻序列

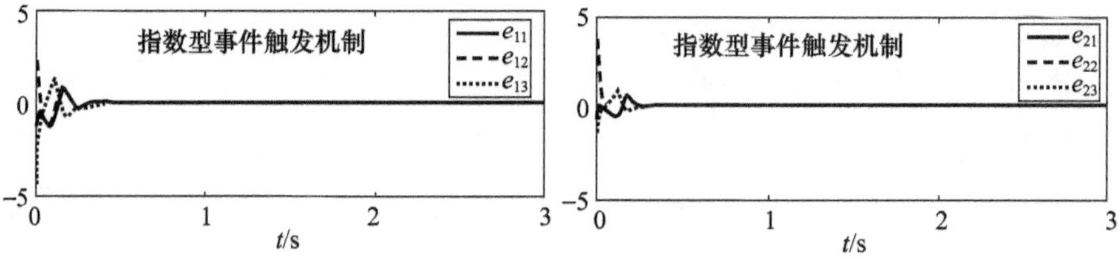

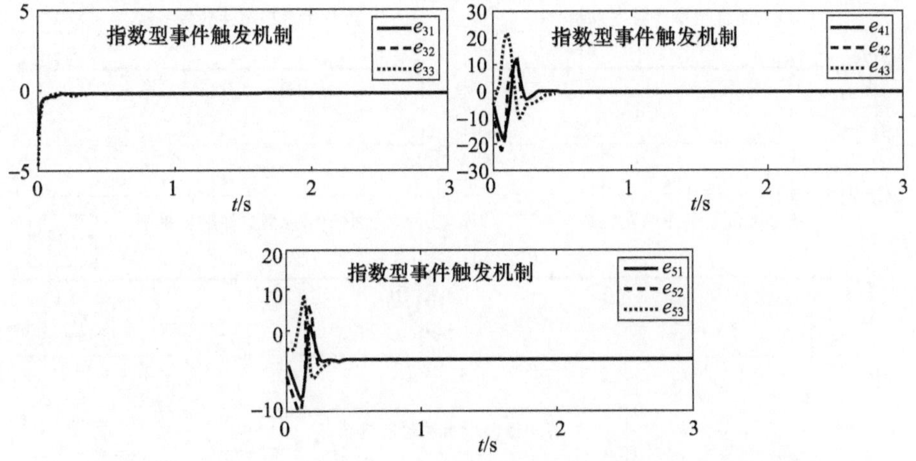

图 7.18 5 个随从者基于分布式指数型事件触发机制的一致性误差图

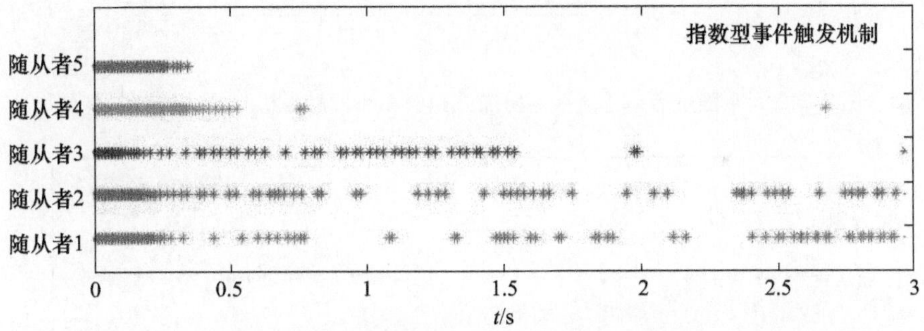

图 7.19 5 个随从者基于分布式指数型事件触发机制的事件触发时刻序列

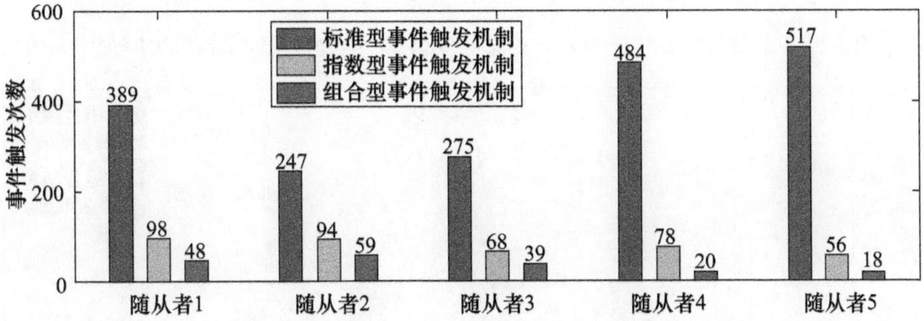

图 7.20 分布式标准型事件触发机制、指数型事件触发机制和组合型事件触发机制作用下的事件触发次数比较图

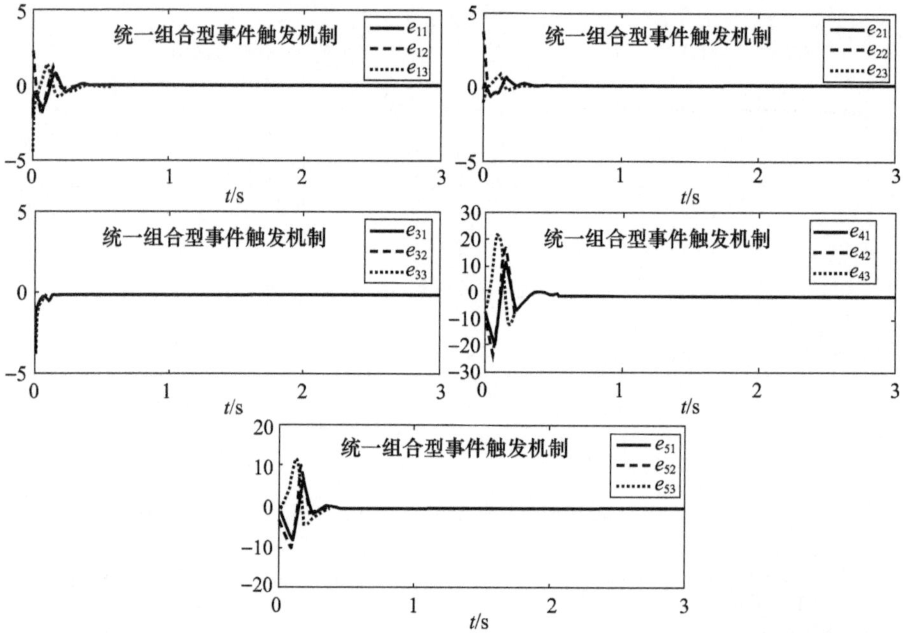

图 7.21　5 个随从者基于统一 – 分布式组合型事件触发机制的一致性误差图

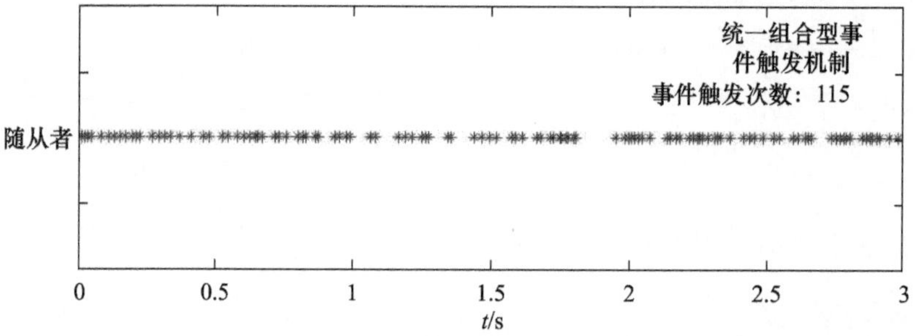

图 7.22　5 个随从者基于统一 – 分布式组合型事件触发机制的事件触发时刻序列图

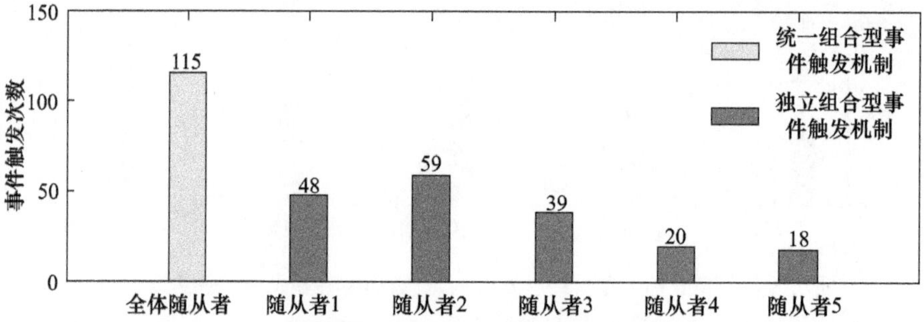

图 7.23　独立 – 集中式组合型事件触发机制与统一 – 分布式组合型事件触发机制作用下事件触发次数比较图

7.5 本章小结

本章设计了一种新的组合型事件触发控制技术,以实现含有未知扰动的非线性领导者-随从者型分数阶多智能体系统的一致性。借助代数图论和分数阶 Lyapunov 稳定性理论,给出了基于该控制协议的分数阶 MAS 一致性的充分条件。仿真实例从两个方面说明了所设计的一致性控制协议的先进性。本章设计的组合型事件触发机制在处理分数阶或整数阶系统的其他控制问题方面具有广泛的应用前景。

附录1 符号对照表

符号	符号名称
$\mathbb{R}^n$	实数域上的 n 维向量空间
$\boldsymbol{I}_n$	$n \times n$ 阶的单位矩阵
$\mathbf{O}_{n \times m}$	$n \times n$ 阶的零矩阵
$\\| \cdot \\|_1$	向量或矩阵的 1 - 范数
$\\| \cdot \\|$	向量或矩阵的 2 - 范数
$\boldsymbol{x}^{\mathrm{T}}$	向量 $\boldsymbol{x}$ 的转置
$\boldsymbol{A} > \boldsymbol{0}$	$\boldsymbol{A}$ 是对所有的向量 $\boldsymbol{x} \in \mathbb{R}^n$ 都满足 $\boldsymbol{x}^{\mathrm{T}}\boldsymbol{A}\boldsymbol{x} > 0$ 的正定矩阵
$\boldsymbol{A} < \boldsymbol{0}$	$\boldsymbol{A}$ 是对所有的向量 $\boldsymbol{x} \in \mathbb{R}^n$ 都满足 $\boldsymbol{x}^{\mathrm{T}}\boldsymbol{A}\boldsymbol{x} < 0$ 的负定矩阵
$\boldsymbol{A} = (a_{ij})$	元素为 a_{ij} 的矩阵
$\lambda_{\max}(\boldsymbol{A})$	矩阵 $\boldsymbol{A}$ 的最大特征值
$\lambda_{\min}(\boldsymbol{A})$	矩阵 $\boldsymbol{A}$ 的最小特征值
$\mathrm{diag}\{\cdots\}$	分块对角矩阵
$*$	对称矩阵中的对称项
$\mathbb{G}$	图
$\boldsymbol{V}$	图中的节点集或随机变量集
$\boldsymbol{E}$	边集
$\sum$	求和
$\exp(\cdot)$	取指数
$\ln(\cdot)$	取对数
$\lim$	求极限
$\max(\cdot)$	取最大值
$\min(\cdot)$	取最小值
$\mathrm{sign}(\cdot)$	符号函数
$\in$	属于
$\notin$	不属于

$\exists$	存在
$\nexists$	不存在
$\subset$	包含于
$\otimes$	矩阵的 Kronecker 积

附录2 缩略语对照表

缩略语	英文全称	中文对照
MFPMLGCS	Modified Function Projective Multiple - Lag Generalized Compound Synchronization	修正函数投影多滞后广义复合同步
MFPLS	Modified Function Projective Lag Synchronization	修正函数投影滞后同步
MFPS	Modified Function Projective Synchronization	修正函数投影同步
FPS	Function Projective Synchronization	函数投影同步
PS	Projective Synchronization	投影同步
LS	Lag Synchronization	滞后同步
AS	Anti - Synchronization	反同步
CS - 1	Complete Synchronization	完全同步
CS - 2	Combination Synchronization	组合同步
CS - 3	Compound Synchronization	复合同步
SMC	Sliding Mode Control	滑模控制
TSMC	Terminal Sliding Mode Control	终端滑模控制
ITSMC	Integral Terminal Sliding Mode Control	积分型终端滑模控制
TTM	Time - Triggered Mechanism	时间触发机制
ETM	Event - Triggered Mechanism	事件触发机制
NETM	Norm Event - Triggered Mechanism	标准型事件触发机制
EETM	Exponential Event - Triggered Mechanism	指数型事件触发机制
SETM	Switching Event - Triggered Mechanism	切换型事件触发机制
AETM	Adaptive Event - Triggered Mechanism	自适应事件触发机制
NCS	Networked Control System	网络控制系统
MAS	Multi - Agent System	多智能体系统

参考文献

[1]钱慧. SC 混沌比例投影同步方法构建保密通信系统的研究[D]. 上海:上海交通大学,2015.

[2]张辉. 混沌系统的同步控制及其保密通信的研究[D]. 哈尔滨:哈尔滨理工大学,2016.

[3]李俊民,邢科义,万百五. 递推自适应极点配置算法[J]. 控制理论与应用,1996(1):115-120.

[4]贺冰丽,李俊民. 严格反馈非线性系统中参数收敛的系统化方法[J]. 系统科学与数学,2011,31(5):501-511.

[5]陈新海,李言俊,周军. 自适应控制及应用[M]. 西安:西北工业出版社,1998.

[6]LU J,CHEN Y. Stability and stabilization of fractional - order linear systems with convex poly topic uncertainties[J]. Fractional Calculus and Applied Analysis,2013,16(1):142-157.

[7]LU J,CHEN Y. Robust stability and stabilization of fractional - order interval systems with the frac - tional order a:the 0 < a < 1 case[J]. IEEE Transactions on Automatic Control,2010,55(1):152-158.

[8]CHEN L,WU R,HE Y,et al. Robust stability and stabilization of fractional - order linear systems with poly topic uncertainties[J]. Applied Mathematics and Computation,2015,257(1):274-284.

[9]马嘉跃. 非线性分数阶系统的稳健控制问题研究[D]. 西安:西安工业大学,2018.

[10]YUAN L G,YAND Q G. Parameter identification and synchronization of fractional - order chaotic systems[J]. Communications in Nonlinear Science and Numerical Simulation,2012,17(1):305-316.

[11]BEMPORAD A,HEEMELS M,JOHANSSON M. Networked control systems[M]. Berlin:Springer,2010.

[12]WANG X,LEMMON M D. Event - triggering in distributed networked control systems[J]. IEEE Transactions on Automatic Control,2011,56(3): 586-601.

[13]PECORA L M,CARROLL T L. Synchronization in chaotic systems[J]. Physical review letters,1996,64(8):821-824.

[14]KIM C M,RIM S,KYE WH,et al. Anti - synchronization of chaotic oscillators[J]. Physics Letters A,2003,320(1):39-46.

[15]PARK E,ZAKS M,KURTHS J. Phase synchronization in the forced Lorenz system[J]. Physi-

cal Review E,1999,60(6):6627 -6638.

[16] ROSENBLUM M, PIKOVSKY A, KURTHS J. From phase to lag synchronization in coupled chaotic oscillators[J]. Physical Review E,1999,60(6): 6627 -6638.

[17] HRAMOV A, KORONOVSKII A. An approach to chaotic synchronization[J]. Chaos,2004,14(3):603 -610.

[18] DU H, ZENG Q, WANG C. Function projective synchronization of different chaotic systems with uncertain parameters[J]. Physics Letters A,2008,372(33):5402 -5410.

[19] SUDHEER K S, SABIR M. Adaptive modified function projective synchronization of multiple time - delayed chaotic Rossler system[J]. Physics Letters A,2011,375(8):1176 -1178.

[20] LUO R, WANG Y, DENG S. Combination synchronization of three classic chaotic systems using active back stepping design[J]. Chaos,2011,21(1):043114.

[21] SUN J, SHEN Y, CUI G. Compound synchronization of four chaotic complex systems[J]. Advances in Mathematical Physics,2015,2015(1):1 -11.

[22] STRUKOV D B, SNIDER G S, STEWART D R, et al. The missing memristor found[J]. Nature,2008,453(7191):80 -83.

[23] 游科友,谢立华. 网络控制系统的最新研究综述[J]. 自动化学报,2013,39(2):101 -114.

[24] WANG X, LEMMON M D. Event - triggering in distributed networked control systems[J]. IEEE Trans - actions on Automatic Control,2011,56(3):586 -601.

[25] 陆海空,蒋涛,包伯成. 改进型文氏桥混沌振荡器的建模分析与实验[J]. 电子器件,2018,41(6):1493 -1497.

[26] CAFAGNA D, GRASSI G. New 3D - scroll attractors in hyper chaotic Chua's circuits forming a ring[J]. International Journal of Bifurcation and Chaos,2003,13(10):2889 -2903.

[27] MODRY D, SLAPETA J R, JIRKU M, et al. CMOS 2. 4/mu/m chaotic oscillator: experimental verification of chaotic encryption of audio[J]. Electronics Letters,1996,32(9):795 -796.

[28] GONZALES O A, HAN G, GYVEZJP D, et al. Lorenz - based chaotic crypto - system: a monolithic imple - mentation[J]. IEEE Transactions on Circuits and Systems I Fundamental Theory and Applications,2000,47(8):1243 -1247.

[29] 陈关荣,吕金虎. Lorenz 系统族的动力学分析、控制与同步[M]. 北京:科学出版社,2003.

[30] 包伯成,王其红,许建平. 基于忆阻元件的五阶混沌电路研究[J]. 电路与系统学报,2011,16(2):66 -70.

[31] ZHANG W, YANG X, XU C, et al. Finite - time synchronization of discontinuous neural networkswith delays and mismatched parameters[J]. IEEE Transactions on Neural Networks and Learning Systems,2018,29(8):37611 -3770.

[32] YANG X, LU J. Finite - time synchronization of coupled networks with Markovian topology and

impulsive effects[J]. IEEE Transactions on Automatic Control,2016,61(8):2256 - 2261.

[33]蒋培刚,苏宏业,褚健. 线性不确定时滞系统指定衰减度稳健镇定[J]. 自动化学报,2000,26(5):681 - 684.

[34]LI F,SHI P,WU L. State estimation and sliding mode control for Semi - Markovian jump systems[J]. Automatica,2015,51(1):385 - 393.

[35]DU C,YANG C,LI F,et al. A novel asynchronous control for artificial delayed Markovian jump systems via output feedback sliding mode approach[J]. IEEE Transactions on Systems Man and Cybernetics Systems,2019,49(2):364 - 374.

[36]高为炳. 变结构控制的理论及设计方法[M]. 北京:科学出版社,1998.

[37]张瑶,马广富,郭延宁,等. 一种多幂次滑模趋近律设计与分析[J]. 自动化学报,2016,42(3):466 - 472.

[38]徐世许. 不确定系统的终端滑模变结构控制[D]. 上海:复旦大学,2012.

[39]TRAN X T,KANG H. Continuous adaptive finite - time modified function projective lag synchronization of uncertain hyper chaotic systems[J]. Transactions of the Institute of Measurement and Control,2018,40(3):853 - 860.

[40]LUO R Z,WANG Y L. Finite - time stochastic combination synchronization of three different chaotic systems and its application in secure communication[J]. Chaos,2012,22(2): 023109.

[41]LUO R,WANG Y,DENG S. Combination synchronization of three classic chaotic systems using active back stepping design[J]. Chaos,2011,21(4):043114.

[42]SUN J,SHEN Y,WANG X,et al. Finite - time combination - combination synchronization of four different chaotic systems with unknown parameters via sliding mode control[J]. Nonlinear Dynamics,2014,76(1):383 - 397.

[43]LIU L,PU J,SONG X,et al. Adaptive sliding mode control of uncertain chaotic systems with input nonlinearity[J]. Nonlinear Dynamics,2014,76(4):1857 - 1865.

[44]KACZOREK T. Reduced - order fractional descriptor observers for a class of fractional descriptor continuous - time nonlinear systems[J]. International Journal of Applied Mathematics and Computer Science,2016,26(2):277 - 283.

[45]XU Y,ZHOU W,FANG J,et al. Finite - time synchronization of the complex dynamical network with non - derivative and derivative coupling[J]. Neurocomputing,2016,173:1356 - 1361.

[46]ZHANG G,LIU Z,MA Z. Generalized synchronization of different dimensional chaotic dynamical systems[J]. Chaos Solitons and Fractals,2007,32(2):773 - 779.

[47]OUANNAS A,ODIBAT Z. Generalized synchronization of different dimensional chaotic dynamical systems in discrete time[J]. Nonlinear Dynamics,2015,81(1):765 - 771.

[48]WEN G,CHEN M,YU X. Event - triggered master - slave synchronization with sampled - data communication[J]. IEEE Transactions on Circuits and Systems II Express Briefs,2016,63

(3):304 – 308.

[49] ZHANG X, HAN Q, ZHANG B. An overview and deep investigation on sampled – data – based event – triggered control and filtering for networked systems[J]. IEEE Transactions on Industrial Informatics, 2017, 13(1):4 – 16.

[50] GU Z, YUE D, LIU J, et al. H tracking control of nonlinear networked systems with a novel adaptive event – triggered communication scheme[J]. Journal of the Franklin Institute, 2017, 354(8):3540 – 3553.

[51] ZHANG J, PENG C, PENG D. A novel adaptive event – triggered communication scheme for networked control systems with nonlinearities[J]. Communications in Computer and Information Science, 2014, 462:468 – 477.

[52] ZHANG J, PENG C, DU D, et al. Adaptive event – triggered communication scheme for networked control systems with randomly occurring nonlinearities and uncertainties[J]. Neurocomputing, 2016, 174: 475 – 482.

[53] PENG C, TIAN Y, TIAN E. Improved delay – dependent robust stabilization conditions of uncertain T – S fuzzy systems with time – varying delay[J]. Fuzzy Sets and Systems, 2008, 159(20):2713 – 2729.

[54] SEURET A, GOUAISBAUT F. Wirtinger – based integral inequality: application to time – delay systems[J]. Automatica, 2013, 49(9): 2860 – 2866.

[55] ZHANG X, HAN Q, SEURET A, et al. An improved reciprocally convex inequality and an augmented Lyapunov – Krasovskii functional for stability of linear systems with time – varying delay[J]. Automatica, 2017, 84:221 – 226.

[56] PODLUBNY I. Fractional differential equations: an introduction to fractional derivatives, fractional differential equations, to methods of their solution and some of their applications[M]. New York: Academicpress, 1998.

[57] 杨飞生,汪瑞,潘泉. 基于事件触发机制的网络控制研究综述[J]. 控制与决策,2018,33(6):4 – 12.

[58] TANG Y, PENG C, YIN S, et al. Robust model predictive control under saturations and packet dropouts with application to networked flotation processes[J]. IEEE Transactions on Automation Science and Engineering, 2014, 11(4):1056 – 1064.

[59] WANG F, YANG Y. Leader – following consensus of nonlinear fractional – order multi – agent systems via event – triggered control[J]. International Journal of Systems Science, 2017, 48(3): 571 – 577.

[60] XIAO J, ZHONG S, LI Y. Finite – time Mittag – Leffler synchronization of fractional – order memristive BAM neural networks with time delays[J]. Neurocomputing, 2017, 219:431 – 439.

[61] LIU H, PAN Y, LI S, et al. Synchronization for fractional – order neural networks with full/un-

der - actuation using fractional - order sliding mode control[J]. International Journal of Machine Learning and Cybernetics,2017,9(7):1219 - 1232.

[62]SEN M D L. About robust stability of Caputo linear fractional dynamic systems with time delays through fixed point theory[J]. Fixed Point Theory and Applications,2011,2011(1):1 - 19.

[63]SU H,LUO R,ZENG Y. The exponential synchronization of a class of fractional - order chaotic systems with discontinuous input[J]. Optik - International Journal for Light and Electron Optics,2017,131: 850 - 861.

[64]AGRAWAL S K,DAS S. Synchronization of uncertain fractional - order chaotic systems via a novel adaptive controller[J]. Nonlinear Dynamic,2013,73(1 - 2):907 - 919.

[65]AGRAWAL S K,DAS S. Novel second order sliding mode control design for the anti - synchronization of chaotic systems with an application to a novel four - wing chaotic system[J]. Applications of Sliding Mode Control in Science and Engineering,2017,709:213 - 234.

[66]MA L,WANG Z,LAM H - K. Event - triggered mean - square consensus control for Time - Varying Stochastic Multi - Agent System with Sensor Saturations[J]. IEEE Transactions on Automatic Control,2017,62(7): 3524 - 3531.

[67] HU J,GANG F. Distributed tracking control of leader - follower multi - agent systems under noisy measurement[J]. Automatica,2010,46(8):1382 - 1387.

[68]YANG T,MENG Z,DIMAROGONAS D V,et al. Periodic behaviors for discrete - time second - order multi - agent systems with input saturation constraints[J]. IEEE Transactions on Circuits and Systems II Express Briefs,2017,63(7):663 - 667.

[69]CAO Y,LI Y,REN W,et al. Distributed coordination of networked fractional - order systems [J]. IEEE Transactions on Systems Man and Cybernetics Part B,2010,40(2):362 - 370.

[70]XU G,CHI M,HE D,et al. Fractional - order consensus of multi - agent systems with event - triggered control[C] // IEEE International Conference on Control and Automation. 2014:619 - 624.

[71]SHI M,YU Y,TENG X. Leader - following consensus of general fractional - order linear multi - agent systems via event - triggered control[J]. The Journal of Engineering,2018,2018(4): 199 - 202.

[72] REN G,YU Y,XU C,et al. Consensus of fractional multi - agent systems by distributed event - triggered strategy[J]. Nonlinear Dynamics,2019,95(1):541 - 555.

[73]WANG F,YANG Y. Leader - following consensus of nonlinear fractional - order multi - agent systems via event - triggered control[J]. International Journal of Systems Science,2016,48(3):571 - 577.

[74]TUNA S E. Sufficient conditions on observability grammian for synchronization in arrays of coupled linear time - varying systems[J]. IEEE Transactions on Automatic Control,2010,55(11):2586 - 2590.